C.H.BECK WISSEN

Wer glaubt, Geheimsprachen und Geheimcodes seien bestenfalls für Agenten, der irrt. Fernbedienungen, Geldautomaten, Handys und Smartphones, Transaktionen im Internet, all dies und noch einiges mehr würde ohne Kryptographie nicht funktionieren. Das Buch bietet einen gut lesbaren, umfassenden Einblick in die Wissenschaft sowie in die vielfältigen Techniken des Ver- und Entschlüsselns und ihre zeitgenössischen Anwendungen.

Albrecht Beutelspacher ist Professor em. für Diskrete Mathematik und Geometrie an der Universität Gießen sowie Gründungsdirektor des Mathematikums. Er ist Träger zahlreicher Auszeichnungen und Preise, darunter des Communicator-Preises des Stifterverbands für die Deutsche Wissenschaft (2000), des Deutschen IQ-Preises (2004) sowie des Hessischen Verdienstordens (2016). Er war maßgeblich an der Nummernkodierung der ab 1989 in Deutschland eingeführten neuen Geldscheine beteiligt.

Bei C.H.Beck sind von ihm lieferbar: *Albrecht Beutelspachers Kleines Mathematikum. Die 101 wichtigsten Fragen und Antworten zur Mathematik* (^{4}2016); *Zahlen. Geschichte, Gesetze, Geheimnisse* (^{3}2021); *Wie man in eine Seifenblase schlüpft. Die Welt der Mathematik in 100 Experimenten* (2015); *Null, unendlich und die wilde 13. Die wichtigsten Zahlen und ihre Geschichten* (^{5}2021); *Das Geheimnis der zwölften Münze. Neue mathematische Knobeleien* (2021).

Albrecht Beutelspacher

GEHEIMSPRACHEN UND KRYPTOGRAPHIE

Geschichte, Techniken, Anwendungen

C.H.Beck

Die ersten fünf Auflagen dieses Buches erschienen 1997 bis 2012 unter dem Titel «Geheimsprachen. Geschichte und Techniken».

1. Auflage. 1997
2., aktualisierte Auflage. 2000
3., aktualisierte Auflage. 2002
4. Auflage. 2005
5., aktualisierte Auflage. 2012

Mit 11 Abbildungen
(Die Illustrationen auf Seite 56, 83 und 103 wurden von Andrea Best, Gießen, angefertigt.)

6., vollständig überarbeitete Auflage. 2022

Originalausgabe

www.chbeck.de
Satz: C.H.Beck.Media.Solutions, Nördlingen
Druck und Bindung: Druckerei C.H.Beck, Nördlingen
Reihengestaltung Umschlag: Uwe Göbel (Original 1995, mit Logo), Marion Blomeyer (Überarbeitung 2018)
Umschlagabbildung: Chiffrierscheibe aus dem Ersten Weltkrieg. Lindau, Sammlung Hütter, © akg-images
Printed in Germany
ISBN 978 3 406 78577 1

myclimate

klimaneutral produziert
www.chbeck.de/nachhaltig

Inhalt

I. Kryptographie: Geheimwissenschaft oder Wissenschaft von Geheimnissen?

Schon als kleines Kind machte ich erste Erfahrungen mit einer Geheimsprache. Wenn meine Eltern sich am Tisch über Dinge unterhielten, die uns Kinder «nichts angingen», so taten sie das auf Französisch. Wir rätselten und stellten phantastische Vermutungen an – die aber meiner Erinnerung nach nie der Wahrheit entsprachen.

Später entwickelten wir Kinder dann eigene Geheimsprachen und versuchten damit, unsere Kommunikation vor den Eltern zu schützen – vermutlich mit wenig Erfolg.

In der Tat assoziiert man mit den Begriffen «Kryptographie» oder «Verschlüsselung» Geheimschriften, Geheimsprachen, Geheimcodes, Geheimtinte – Dinge, die gemeinhin nur für Heranwachsende in einer bestimmten Entwicklungsphase interessant und wichtig sind.

Das Gegenteil ist richtig: Wir sind im täglichen Leben umgeben von kryptographischen Diensten und Mechanismen: Smartphones, Geldautomaten, Bitcoins – ohne Kryptographie würde das alles nicht funktionieren! Die Kryptographie ist eine beeindruckende Erfolgsstory.

Dabei war die Kryptographie jahrhundertelang, ja jahrtausendelang eine Wissenschaft, die sich ruhig entwickelte. Man wusste, was man zu tun hatte. Es gab klare Vorgaben, nämlich die diplomatischen und militärischen Nachrichten des eigenen Landes zu verschlüsseln und die entsprechenden Nachrichten der anderen zu «knacken». Natürlich ereignete sich dabei auch Aufregendes; dies hing in der Regel mit den politischen oder militärischen Ereignissen zusammen, die die Kryptologen durch ihre Arbeit beeinflusst haben. Es waren aber immer die gleichen Aufgaben, und die tägliche Arbeit bestand aus der typischen Mischung aus Stress und Langeweile – eine Arbeit für geduldige Tüftler, die unter Ausschluss der Öffentlichkeit vollzogen wurde.

Das hat sich grundlegend geändert. Die Kryptographie hat in den letzten Jahrzehnten sowohl praktisch als auch theoretisch eine enorme Bedeutung erlangt, sie ist eine öffentliche Wissenschaft mit unglaublicher Dynamik – und politischen Konsequenzen geworden. Es gibt inzwischen so viele Tagungen über Kryptographie, dass kein einzelner Mensch sie mehr alle besuchen kann, es gibt viele Bücher, es gibt jede Menge wissenschaftliche Veröffentlichungen, ja es gibt Zeitschriften, die sich nur mit Kryptographie befassen. Dies hat mindestens die drei folgenden Gründe:

Die Rolle des Computers und des Internets. Dadurch, dass Nachrichten, also Texte, Daten, Bilder usw., elektronisch erzeugt, gespeichert, übermittelt, bearbeitet und verwaltet werden können, haben wir nicht nur unglaubliche Vorteile erzielt, sondern uns auch erhebliche Nachteile eingehandelt – jedenfalls wenn keine geeigneten Maßnahmen ergriffen werden. Einige Beispiele machen dies klar: Daten können kopiert, verändert, gelöscht werden, ohne dass dies Spuren hinterlässt. Daraus ergeben sich unüberschaubare wirtschaftliche Folgen (zum Beispiel unberechtigtes Kopieren von geheimen Unterlagen oder gar von elektronischem Geld), Beeinträchtigungen und Bedrohungen für die Gesellschaft (beispielsweise die Manipulation der Steuerungssoftware in Kernkraftwerken und Flughäfen) sowie Auswirkungen auf das Individuum («gläserner Mensch»). Die Kryptographie stellt Mittel bereit, um diesen Gefahren zu begegnen. Wenn Kryptographie von vornherein und richtig eingesetzt wird, dann muss man anschließend keine aufwendige Technologiefolgenabschätzung veranstalten; denn es treten in gewissem Sinne keine schädlichen Nebenwirkungen auf.

Bedeutung der Authentifikation (Nachweis der Echtheit). Die klassische Kryptographie beschäftigte sich ausschließlich mit Verschlüsselung, also der Verheimlichung von Nachrichten. Die moderne Kryptographie hat zusätzlich ein ganz neues Themenfeld erobert, die Authentifikation. Dabei geht es nicht um Verheimlichung einer Nachricht, sondern darum, die Unversehrtheit, die Echtheit einer Nachricht zu garantieren. Dies spielt überall dort die entscheidende Rolle, wo Werte transferiert werden: Wenn man an einer Tankstelle oder in einem Geschäft mit «Karte und Geheimzahl» bezahlt, muss man sicher sein, dass der bestätigte Betrag nicht durch Manipulationen am Terminal oder im Netz verändert werden kann. Ein wesentlicher Teil der Entwicklungen der modernen Kryptographie zielt auf Authentifikation, insbesondere auf «digitale Signaturen».

Die Rolle der Mathematik. Die Entwicklung der modernen Kryptographie war nur möglich, weil sich die Kryptographie von einer «Kunst» zu einer Wissenschaft, genauer gesagt: zu einer mathematischen Wissenschaft, gemausert hat. Durch den Rückgriff auf mathematische Methoden und Strukturen haben kryptographische Systeme einen extrem hohen Grad an Vertrauenswürdigkeit erlangt. Das liegt auch an dem speziellen Charakter mathematischer Aussagen. Die Mathematik unterscheidet sich – in mehr oder weniger starkem Grad – von anderen Wissenschaften dadurch, dass in ihr eine Aussage nicht deshalb akzeptiert wird, weil sie empirisch verifiziert wurde oder weil die Experten diese für wahr halten oder weil nichts gegen sie spricht oder ... Nein, die Mathematik hat einen rigorosen Wahrheitsbegriff: In ihr wird eine Aussage nur dann akzeptiert, wenn sie mit den strengen Regeln der Logik bewiesen wurde.

Das klingt zunächst abstrakt. Was das jedoch für die Kryptographie bedeutet und welche weitreichenden Folgen dies hat, wird klar, wenn wir Beispiele betrachten. Wenn ein Staat für den diplomatischen Verkehr ein Verschlüsselungssystem einsetzt, dessen Sicherheit mathematisch beweisbar ist, dann muss er sich nicht den Kopf darüber zerbrechen, was wäre, wenn dieses System doch geknackt würde. Umgekehrt, wenn «der Gegner» weiß, dass man ein solches System einsetzt, dann weiß er auch, dass mit kryptologischen Methoden hier nichts auszurichten ist. Wir werden später sehen, dass es solche Systeme gibt – und warum sie, trotz ihrer anscheinend überwältigenden Vorteile, so wenig eingesetzt werden.

Ein anderes Beispiel ist vielleicht noch deutlicher. Seit Jahrhunderten gibt es einen ständigen Kampf zwischen den Notenbanken, die «fälschungssichere» Geldscheine und Münzen herstellen, und denjenigen, die trotz der angeblichen Fälschungssicherheit Geldscheine nachmachen und fälschen. *Wenn* es Geld gäbe, dessen Sicherheit auf kryptographischen Mechanismen beruht, und zwar auf solchen, deren Sicherheit mathematisch beweisbar ist, *dann* bestünde keine Gefahr der Geldfälschung mehr. Im vorletzten Kapitel werden wir ausführlich die Möglichkeit von elektronischem Geld diskutieren, dessen Sicherheit kryptologisch gewährleistet werden kann.

Die moderne Kryptographie ist keine Geheimwissenschaft, nichts, was nur im Verborgenen blüht, kein Tabu, das seine Kraft verliert, wenn es dem Licht der Öffentlichkeit ausgesetzt wird. Nein, die moderne Kryptographie ist eine Wissenschaft, die ihre Ergebnisse austauscht und öffentlich diskutiert.

Wenn wir das Wesen dieser Wissenschaft genauer bestimmen wollen, stoßen wir fast zwangsläufig auf den Begriff «Vertrauen». Nicht in dem Sinne einer Forderung, dass man zu dieser Wissenschaft oder zu ihren Ergebnissen Vertrauen haben müsse, sondern dergestalt, dass «Vertrauen» das Thema der Kryptographie ist. Wir beschreiben das nur scheinbar anders, wenn wir sagen: Kryptographie ist die Wissenschaft von den Geheimnissen.

Was soll das heißen? Stellen wir uns zwei Personen vor, die ein gemeinsames Geheimnis haben. Das kann ein gemeinsames Erlebnis, eine Erinnerung oder auch nur ein Wort sein. Die Tatsache des Geheimnisses impliziert, dass keiner der beiden dies an einen Dritten weitergibt. Dies wäre ein Vertrauensbruch. Die beiden Menschen vertrauen einander. Kurz: Ein gemeinsames Geheimnis setzt gegenseitiges Vertrauen voraus.

In der Kryptographie setzen wir den Akzent nur ein klein wenig anders: Gemeinsames Vertrauen wird durch ein gemeinsames Geheimnis repräsentiert. Kryptographie ist eine Wissenschaft, in der Vertrauen geschaffen und übertragen wird.

Die moderne Kryptographie lebt von der Entdeckung und der Diskussion scheinbar paradoxer Fragen.

Was kann man aus einem gemeinsamen Geheimnis machen? Angenommen, zwei Personen haben bereits ein gemeinsames Geheimnis, vielleicht ein geheimes Wort oder eine geheime Zahl, können sie daraus ein größeres Geheimnis machen («Aus wenig mach viel»)? Oder gilt ein «Erhaltungssatz für Geheimnisse»?

Wie können sich zwei Personen ein gemeinsames Geheimnis verschaffen? Sie können das, wenn sie eine vertrauliche Umgebung haben: Wenn sie alleine sind, können sie sich das Geheimnis zuflüstern, wenn sie dem Briefgeheimnis vertrauen, kann der eine dem anderen ein von ihm gewähltes Geheimnis zuschicken. Aber in diesen Fällen wird bereits ein Mechanismus zur Geheimhaltung vorausgesetzt. Wir fragen daher radikaler: Können sich zwei Personen auch ohne vertrauliche Umgebung ein gemeinsames Geheimnis verschaffen? Genauer gefragt: Können zwei Personen, die bislang noch nie einen Kontakt hatten, durch eine öffentliche Unterhaltung ein gemeinsames Geheimnis erhalten, ohne dass die mithörende Umgebung eine Chance hat, auf dieses Geheimnis zu kommen («Aus nichts mach etwas»)? Im Kapitel über PublicKey-Kryptographie werden wir diese Frage beantworten – positiv!

Kann man Vertrauen auch ohne gemeinsames Geheimnis übertragen? Nicht ohne Geheimnis, aber ohne *gemeinsames* Geheimnis!

Ein besonders wichtiger Aspekt ist der Nachweis der Identität einer Person. Ich beweise meine Identität dadurch, dass ich nachweise, ein bestimmtes Geheimnis zu haben. Es gibt einfache Methoden für einen solchen Nachweis: Ich kann zum Beispiel mein Geheimnis einfach übertragen – aber eine solche Methode hat viele Nachteile. Auch hier fragen wir radikal: Kann ich jemanden überzeugen, ein bestimmtes Geheimnis zu kennen, ohne ihm das Geringste zu verraten? Im Kapitel über Zero-Knowledge-Verfahren werden wir das Geheimnis lüften und auch diese Frage positiv beantworten!

Eine Bemerkung zur Terminologie: Wir verwenden in diesem

Buch die Begriffe «Kryptographie» und «Kryptologie» synonym. Manche Autoren machen zwischen diesen Begriffen feine Unterschiede; die Unterschiede sind aber keinesfalls so groß wie zwischen Geographie und Geologie, Philosophie und Philologie oder gar Astronomie und Astrologie. Missverständnisse sind ausgeschlossen.

In den ersten beiden Kapiteln behandeln wir die klassische Kryptographie. Wir beginnen mit wirklichen Geheimschriften und historisch wichtigen Geheimcodes, wie etwa dem Cäsar-Code. Anschließend werden wir diskutieren, ob diese Codes sicher sind. Dazu müssen wir klären, was Sicherheit überhaupt bedeutet.

Im dritten Kapitel stellen wir die Frage, wie gut Geheimcodes sein können. Zunächst geht es ziemlich grundsätzlich um «unknackbare Codes». Dann werden wir praktisch eingesetzte Verfahren erörtern, insbesondere den DES-Algorithmus und das PIN-Verfahren, das vom Geldausgabeautomaten und vom elektronischen Einkaufen bekannt ist.

Das vierte Kapitel konzentriert sich auf die Public-Key-Kryptographie, die 1976 erfunden wurde. Mit Hilfe der dort entwickelten Verfahren gelingt es, vertraulich zu kommunizieren, ohne vorher ein Geheimnis ausgetauscht zu haben. Diese Revolution der Kryptographie hat eine Bedeutung, die weit über die engere Wissenschaft hinausgeht.

Daran anschließend werden die Mitte der 1980er Jahre entdeckten «Zero-Knowledge-Algorithmen» dargestellt. Diese zeigen, wie jemand eine andere Person davon überzeugen kann, ein bestimmtes Geheimnis zu kennen, ohne ihm dabei das Geringste zu verraten.

Die Möglichkeit von elektronischem Geld war in den letzten Jahren sowohl für Wissenschaftler als auch für Praktiker eine Herausforderung. Die Diskussion wird zunehmend durch Schlagwörter wie Bitcoin und Kryptowährung beherrscht. Dabei ist jegliche Art von e-commerce nur auf Basis elektronischer Zahlungssysteme möglich. Im vorletzten Kapitel zeigen wir, dass solches Geld möglich ist, und werden auch die Blockchain-

Technologie vorstellen. Zur Realisierung solcher Verfahren benötigt man allerdings komplexe kryptographische Mechanismen der höchsten Qualität.

Im letzten Kapitel stellen wir uns schließlich kritischen Fragen, die in Gesellschaft und Politik kontrovers diskutiert werden: Darf Kryptographie unbeschränkt eingesetzt werden, oder muss ihr Gebrauch kontrolliert werden? Kriminelle und Terroristen können durch Kryptographie ihre Machenschaften erfolgreich vor dem Auge des Gesetzes verbergen. Soll man das dulden oder verbieten? Kann ein Verbot durchgesetzt werden? Kann man den Missbrauch von Kryptographie verhindern?

Noch ein Wort zu Inhalt und Stil. Moderne Kryptographie ist eng mit der Mathematik verbunden. Insbesondere beruhen die meisten modernen Algorithmen auf mathematischen Strukturen. Dies ist unvermeidlich. Daher ist auch in diesem Buch Mathematik unvermeidlich.

Ich werde aber immer, wenn es schwierig zu werden droht, zwei Dinge machen. Zum einen werde ich alle auf Mathematik beruhenden Verfahren zunächst mit Szenen aus dem täglichen Leben so erklären, dass zum Verständnis keinerlei Mathematik notwendig ist. Zum anderen werde ich alle benötigten mathematischen Tatsachen an den entsprechenden Stellen darstellen; dies sind die Abschnitte «Natürliche Zahlen zum Ersten, zum Zweiten, zum Dritten».

Sie können also das Buch auf drei Ebenen lesen: zum einen auf einer vollkommen unmathematischen Ebene (diese Teile machen den mit Abstand größten Teil des Buches aus), zum Zweiten stelle ich Ihnen detailliertere Beschreibungen mit mathematischen Begriffen vor. Schließlich haben Sie auch die Möglichkeit, die mathematischen Hintergründe zu verstehen.

II. Ein erster Eindruck oder Einblicke in die Welt der klassischen Kryptographie

Seit es Menschen gibt, haben sie versucht, Worte und Taten zu verbergen. Schon die ersten Seiten der Bibel erzählen vom – allerdings vergeblichen – Versuch Adams und Evas, ihr Vergehen geheim zu halten.

Wir beschränken uns hier darauf nachzuzeichnen, wie die Menschen ihre Worte zu verbergen trachteten. Auch diese Versuche scheiterten häufig, aber es gibt auch Geheimcodes, die die Zeiten überdauert haben, und solche, die für immer ungeknackt bleiben werden.

1. Verbergen der Existenz der Nachricht

Man kann die Existenz der Nachricht selbst verbergen. Diese Idee wurde im Laufe der Jahrhunderte auf oft geniale Weise realisiert.

Einige Beispiele:

- Man kann *unsichtbare Tinte* verwenden, die der Empfänger erst durch Erhitzen wieder sichtbar macht.
- Es wird berichtet, dass in der Antike Geheimnachrichten auf folgende Weise übermittelt wurden: Einem Sklaven wurden *die Haare geschnitten* und die Nachricht auf seine blanke Kopfhaut geschrieben. Danach musste man warten, bis die Haare gewachsen waren und die Nachricht verborgen war. Dann konnte der Sklave zum Empfänger geschickt werden. Dieser schnitt ihm zum zweiten Mal eine Glatze und war dann in der Lage, die Nachricht zu lesen.
  Abgesehen davon, dass man für diese Methode nicht jeden Menschen verwenden kann, hat sie wahrscheinlich Anspruch auf den Weltrekord für das Verfahren mit der schlechtesten Performance.

– Eine Methode, die bis heute erfolgreich angewandt wird, ist die *Steganographie*. Dabei wird die Geheimnachricht in einer harmlosen Nachricht versteckt. Zum Beispiel könnte man gewisse Teile eines Textes dadurch kennzeichnen, dass man über oder unter ihr mit einer Nadel ein kleines Loch anbringt; diese Buchstaben ergeben die Geheimnachricht. Oder man könnte gewisse Rasterpunkte (Pixel) eines elektronisch übertragenen Bildes auszeichnen, die, wenn sie isoliert werden, etwas ganz anderes zeigen als das umgebende Bild. Die Grundidee der Steganographie ist, dass nur derjenige, der weiß, *dass* etwas versteckt ist, und weiß, *wo* er suchen muss, etwas findet.

2. Verschlüsselung «ohne Schlüssel»

Die Methoden, die wir von nun an behandeln werden, suchen nicht die Existenz einer vertraulichen Nachricht zu verbergen. Im Gegenteil: In fast herausfordernder Weise wird der Gegner provoziert: Die Nachricht wird offen übermittelt, aber so verändert, dass der Gegner keine Chance hat, den Klartext zu ermitteln – so hoffen jedenfalls Sender und Empfänger.

Wir betrachten einige Beispiele:

– *Die spartanische Skytala*

Es wird berichtet, dass die Generäle der Spartaner auf folgende Weise geheim miteinander kommuniziert haben:

Der Sender einer Nachricht wickelt ein Band um einen Zylinder (die Skytala), etwa einen Holzstab. Dann schreibt er die Nachricht längs des Stabes auf das Band. Anschließend wird das Band abgewickelt und so dem Empfänger übermittelt. Da die Buchstaben darauf in einer völlig wirren Anordnung zu sehen sind, kann niemand den Klartext herausfinden. Der Empfänger muss einen Zylinder gleichen Durchmessers besitzen; wenn er das Band um diesen wickelt, kann er die Nachricht ohne Schwierigkeiten lesen.

– *Der Code des Polybios*

Der griechische Geschichtsschreiber Polybios (ca. 200–120 v. Chr.) schrieb nicht nur die erste Universalgeschichte der Welt, sondern erfand auch – nebenbei – den folgenden Code.

Die Buchstaben werden in Kästchen geschrieben, so dass insgesamt ein 5×5-Quadrat ausgefüllt wird. Da es in der deutschen Sprache genau 26 Buchstaben gibt, wir aber nur 25 Plätze haben, schreiben wir I und J in dasselbe Kästchen. Die Zeilen und Spalten werden mit 1, 2, 3, 4, 5 nummeriert.

	1	2	3	4	5
1	A	B	C	D	E
2	F	G	H	I/J	K
3	L	M	N	O	P
4	Q	R	S	T	U
5	V	W	X	Y	Z

Ein Buchstabe wird durch zwei Ziffern ersetzt, und zwar durch die Ziffer neben ihm und durch die Ziffer über ihm.

Zum Beispiel schreiben wir statt M die Zahl 32. Dieser Code kann auch akustisch übermittelt werden, indem man die Ziffern durch die entsprechende Anzahl von Klopfzeichen ersetzt:

•• •• • ••••• •• ••• • ••••• •• •••• ••• ••

Oft wurde versucht, die Nachricht in eine Folge von Geheimzeichen zu verwandeln, die niemand zu deuten vermag. Allen Geheimzeichencodes liegt die Vorstellung zugrunde, dass die Geheimzeichen selbst die Nachricht schützen – eine Vorstellung, bei der aufgeklärte Zeitgenossen ein Stirnrunzeln nicht unterdrücken können.

Auch dazu zwei Beispiele.

– *Der Freimaurer-Code*

Beim sogenannten Freimaurer-Code wird jeder Buchstabe nach folgendem Schema durch einen Buchstaben ersetzt:

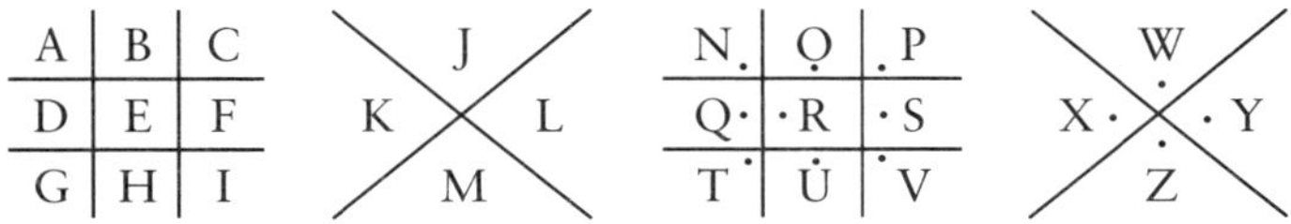

Zum Beispiel ist

nichts anderes als das Wort KRYPTOGRAPHIE.

– *Der Code von E. A. Poe*
In seiner Erzählung «Der Goldkäfer» lässt Edgar Allan Poe (1809–1849) den Helden Legrand folgende Geheimschrift lösen, bei der jedes Zeichen einem Buchstaben der englischen Sprache entspricht:

5 3 ‡ ‡ † 3 0 5)) 6 * ; 4 8 2 6) 4 ‡ .) 4 ‡) ; 8 0 6 * ; 4 8 † 8
¶ 6 0)) 8 5 ; 1 ‡ (; : ‡ * 8 † 8 3 (8 8) 5 * † ; 4 6 (; 8 8 * 9 6
* ? ; 8) * ‡ (; 4 8 5) ; 5 * † 2 : * ‡ (; 4 9 5 6 * 2 (5 * – 4) 8
¶ 8 * ; 4 0 6 9 2 8 5) ;) 6 † 8) 4 ‡ ‡ ; 1 (‡ 9 ; 4 8 0 8 1 ; 8 :
8 ‡ 1 ; 4 8 † 8 5 ; 4) 4 8 5 † 5 2 8 8 0 6 * 8 1 (‡ 9 ; 4 8 ; (8
8 ; 4 (‡ ? 3 4 ; 4 8) 4 ‡ ; 1 6 1 ; : 1 8 8 ; ‡ ? ;

Der Text wird in der Erzählung gründlich analysiert; der Klartext lautet:

A good glass in the bishop's hostel in the devil's seat forty-one degrees and thirteen minutes northeast and by north main branch seventh limb east side shoot from the left eye of the death's-head a bee-line from the tree through the shot fifty feet out.

Man wird allerdings dem Kommentar zustimmen müssen, dass der Text damit nicht enträtselt wurde. Lesen Sie aber selbst, wie Legrand das Kryptogramm entschlüsselt und was er aus ihm herausliest.

3. Was ist Kryptographie?

Im Folgenden sehen Sie drei Geheimtexte. Alle drei wurden aus demselben Klartext erhalten. Der erste Text wurde mit einer Geheimsprache erhalten und ist ganz einfach zu entschlüsseln: Spätestens dann, wenn Sie den Satz laut lesen, offenbart er seinen Sinn und widerspricht damit sich selbst:

Dodiesoseror Sosatotzoz isostot gogehoheimom.

Die beiden folgenden Zeilen sehen gleich kryptisch aus. Keine scheint sich vor der anderen durch besondere Klarheit auszuzeichnen:

U Z V J V I J R K Q Z J K X V Y V Z D
T F Z Z G R E D F Y A B X I F F H X Y

Und doch: Der erste dieser beiden Texte ist so einfach verschlüsselt, dass man ihn auch im Klartext hätte notieren können, während der zweite einen unknackbaren Code darstellt!

4. Cäsar oder Der Beginn der Kryptographie

Obwohl der Cäsar-Code zu den unsichersten Verschlüsselungsverfahren der Weltgeschichte gehört, kann man behaupten, dass mit diesem Code die Kryptographie begonnen hat. Denn dieser Code, der von C. J. Cäsar (100–44 v. Chr.) benutzt wurde, basiert auf zwei radikalen Entscheidungen:

– *Keine Geheimzeichen!*
Geheimzeichen beschwören zwar eine Aura des Geheimnisvollen, bieten aber im Grunde keine Sicherheit. Es mag schwer sein, sich die Zeichen zu merken oder sie nachzuzeichnen, aber nüchtern betrachtet, ist dies der einzige Vorteil. Der Code wird um keinen Deut besser, wenn man jedes Geheimzeichen durch ein gut lesbares Zeichen darstellt.

Dem Cäsar-Code liegt eine radikale Entscheidung zugrunde: Die Klartextzeichen und die Geheimtextzeichen sind dieselben, für beide werden die Buchstaben benutzt.

– *Eingebaute Variabilität!*
Bei den bisher von uns betrachteten Codes war es so: Wenn ein Angreifer den Code geknackt hat (das bedeutet, die Übersetzung von Klartextzeichen in Geheimtextzeichen kennt), dann muss man einen neuen Code entwerfen und dies dem Empfänger mitteilen. Das ist nicht nur umständlich, sondern bietet auch keinerlei quantifizierbare Sicherheit.

Auch hier traf Cäsar eine radikale Entscheidung (vorsichtiger gesagt: Wir interpretieren sein Verfahren so): Sein «Code» besteht nicht nur aus einer einzigen Übersetzungsvorschrift, sondern aus einer ganzen Menge. Der Wechsel der einzelnen Vorschriften ist sozusagen in das System eingebaut. Wir werden das später durch den Begriff «Schlüssel» beschreiben.

Übrigens bezeichnet man in der Kryptographie – auch in nichtmilitärischen Situationen – jeden Unbefugten, der versucht, einen Code zu analysieren, als Angreifer (manchmal auch als Kryptoanalytiker). Der Angreifer spielt eine wichtige Rolle; tatsächlich kann man jedes kryptographische Verfahren als ein Dreipersonenspiel betrachten: Sender und Empfänger versuchen, sich gegen den Angreifer zu schützen, während es die Aufgabe des Angreifers ist, den Schutzwall von Sender und Empfänger zu durchbrechen.

Nun müssen wir Cäsars revolutionären Code aber beschreiben. Man benutzt zwei Alphabete, das Klartextalphabet (das ist das Alphabet in natürlicher Reihenfolge; zur Abkürzung nennen wir es KTA) und das Geheimtextalphabet (GTA), das wir darunter schreiben:

KTA: A B C D E F G H I J K L M N O P Q R S T U V W X Y Z
GTA: D E F G H I J K L M N O P Q R S T U V W X Y Z A B C

Das Geheimtextalphabet ist ebenfalls das gewöhnliche Alphabet, nur um ein paar Stellen verschoben. In unserem Beispiel beginnen wir unter dem Klartext-A mit dem Geheimtextbuchstaben D, setzen dann das Alphabet wie gewohnt mit E, F, G, ... fort, bis wir am Ende angelangt sind, und beginnen dann wieder vorne, bis wir alle Buchstaben untergebracht haben. Die Variabilität kommt darin zum Vorschein, dass wir nicht festlegen, um *wie viele* Stellen das Geheimtextalphabet verschoben wird.

Wie wird mit diesem Schema *verschlüsselt*? Ganz einfach, indem wir einen Klartextbuchstaben durch den darunterstehenden Geheimtextbuchstaben ersetzen. So wird A zu D, B zu E usw. Aus dem Satz DAS IST UNKNACKBAR wird dadurch der scheinbar undurchsichtige Buchstabensalat

G D V L V W X Q N Q D F N E D U.

Das *Entschlüsseln* ist kein bisschen schwieriger: Anstatt die beiden Zeilen von oben nach unten zu lesen, lesen wir sie von unten nach oben. So wird aus D wieder A, aus E wird B usw.

Es ist mühsam, immer wieder ein Geheimtextalphabet unter ein Klartextalphabet zu schreiben. Daher war es sehr nützlich, dass das italienische Universalgenie Leon Battista Alberti (1404–1472) auf die Idee kam, die Alphabete zyklisch auf zwei Scheiben anzuordnen. Damit konnte man das Ver- und Entschlüsseln teilweise automatisieren. Das folgende Bild zeigt ein solches Maschinchen.

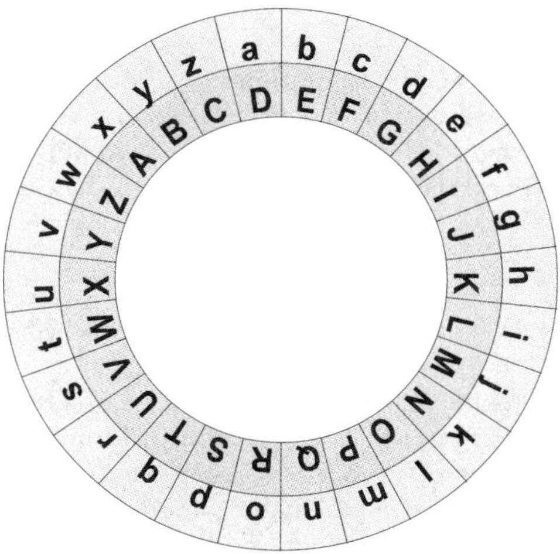

Es handelt sich um zwei konzentrische Scheiben, von denen jede das Alphabet in gewöhnlicher Reihenfolge enthält. Die Scheiben sind gegeneinander drehbar, und jede Einstellung der Scheiben ergibt eine konkrete Verschlüsselungsvorschrift. Verschlüsselt wird, indem man von außen nach innen liest, und entschlüsselt, indem man von innen nach außen liest.

An dieser Maschine (die Cäsar nicht hatte) kann man besonders schön die eingebaute Variabilität des Cäsar-Codes sehen: Es gibt eine ganze Reihe von verschiedenen Einstellungen der Scheiben; ihre Anzahl ist genauso groß wie die Anzahl der Buchstaben des Alphabets, also 26. Jede Einstellung ergibt eine andere Verschlüsselungsvorschrift. Wenn ein Wort verschlüsselt wird, so hängt der Geheimtext von der Einstellung der Scheiben ab: Bei verschiedenen Einstellungen ergeben sich unterschiedliche Geheimtexte.

5. Was heißt «Verschlüsseln»?

Das Verschlüsselungsverfahren Cäsars besticht durch seine Einfachheit; daher eignet es sich auch besonders gut dazu, die grundlegenden Prinzipien der Kryptographie zu erklären. Dabei werden wir auch den Begriff «Sicherheit» genauer fassen. Und dies wird uns dann wieder ermöglichen, den Cäsar-Code als besonders unsicher zu entlarven.

Ein Verschlüsselungsschema besteht aus zwei Komponenten, dem Algorithmus und dem Schlüssel. Der *Algorithmus* ist die allgemeine Vorschrift, wie aus einem Klartext ein Geheimtext gemacht werden kann. Der Algorithmus ist in der Regel eine komplexe Vorschrift, die heute häufig in Form eines Computerprogramms vorliegt und früher oft durch eine Maschine realisiert wurde. Beim Cäsar-Verfahren kann man sich den Algorithmus durch die Maschine aus den beiden Scheiben realisiert vorstellen.

Der *Schlüssel* ist demgegenüber die Angabe, wie denn nun ein Klartext konkret in einen Geheimtext übersetzt werden soll. Nur die Cäsar-Maschine zu haben reicht nicht, man muss auch wissen, wie die Scheiben eingestellt sind. Beim Cäsar-Verfahren ist der Schlüssel also die Einstellung der Scheiben. Diese kann durch einen Buchstaben angegeben werden; zum Beispiel durch den Buchstaben, der dem Klartext-A, oder durch den Buchstaben, der dem Klartext-E entspricht.

Hieran sehen wir schon Wesentliches:

- Man braucht den Schlüssel zum Ver- und zum Entschlüsseln. Sender und Empfänger müssen ihn kennen. Genauer: Der Schlüssel ist das gemeinsame Geheimnis von Sender und Empfänger.
- Der Schlüssel ist in der Regel sehr klein. Die Idee ist, dass Sender und Empfänger vor der eigentlichen Verschlüsselung ein möglichst kleines Geheimnis (den Schlüssel) austauschen, um sich dann möglichst lange Nachrichten geheim zusenden zu können. Aus einem kleinen Geheimnis wird ein großes. Daher gilt also kein «Erhaltungssatz für Geheimnisse».
- Das Ziel eines Angreifers ist es, ohne Kenntnis des Schlüssels Klartexte zu entschlüsseln und vielleicht sogar den Schlüssel zu bestimmen. Das ist für ihn das Größte, denn dann ist er in der Rolle des legitimen Empfängers!
- Wenn dies einem Angreifer gelingt (man sagt auch: wenn er das System «knacken» kann), dann ist das Verfahren unsicher. Wenn das Verfahren aber gegen alle Attacken eines Angreifers resistent ist (wenn also der Geheimtext für ihn wirklich ein Buch mit sieben Siegeln bleibt), dann nennen wir das Verfahren *sicher*. Ein sicheres Verfahren schützt Sender und Empfänger durch ihren gemeinsamen geheimen Schlüssel gegen die Außenwelt.
- Im Vergleich zum Schlüssel ist der Algorithmus in der Regel sehr komplex. In vielen Fällen kann man ihn nicht verheimlichen. Man muss dann damit rechnen, dass der Angreifer den Algorithmus kennt. Der niederländische Philologe Jean Kerckhoffs van Nieuwenhof (1835–1903) hat daraus die richtige Folgerung gezogen. Das Prinzip von Kerckhoffs sagt, dass ein Verfahren so gut sein muss, dass das Bekanntwerden des Systems das Verfahren nicht schwächt.

Was soll das heißen? Wenn ein Angreifer den Algorithmus kennt, dann kann er doch ohne Weiteres entschlüsseln?

Nein – er braucht dazu auch den Schlüssel. Wenn er ein Cäsar-Maschinchen gefunden hat, dann weiß er, dass ein Cäsar-Code benutzt wurde. Aber er weiß damit noch nicht, mit welcher speziellen Einstellung der Geheimtext verschlüsselt wurde.

Ein wirklich gutes Verfahren kann sogar veröffentlicht sein, seine Sicherheit wird darunter nicht leiden. Die einzige Geheiminformation ist der Schlüssel zwischen Sender und Empfänger. (Ob es wirklich gut ist, Algorithmen zu veröffentlichen, darüber gehen die Meinungen auseinander; wir werden im letzten Kapitel darauf zurückkommen.)

6. Kryptoanalyse des Cäsar-Codes

Wir versetzen uns jetzt in die Lage eines Angreifers. Angenommen, wir haben den folgenden Geheimtext abgefangen, von dem wir wissen (oder vermuten), dass er mit einem Cäsar-Code aus einem deutschsprachigen Satz erhalten wurde:

U Z V J V I J R K Q Z J K X V Y V Z D.

Dieser Geheimtext ist vergleichsweise kurz; wirkliche Geheimtexte sind oft viel länger, und wir werden sehen, dass lange Texte leichter zu knacken sind als kurze.

Es gibt zwei prinzipiell verschiedene Methoden, einen solchen Text zu analysieren.

– *Ausprobieren aller Möglichkeiten*

Man könnte einfach den Klartext mit jeder Einstellung der Cäsar-Scheiben einzeln entschlüsseln. Das heißt, dass man alle möglichen Schlüssel der Reihe nach durchprobiert. Der Klartext muss sich mit einer der Einstellungen ergeben, und wenn der Klartext ein verständlicher Text ist, erkennt man das sofort.

In folgendem Schema ist das durchgeführt. Die oberste Zeile ist der Geheimtext. In der darauffolgenden Zeile ist jeder Buchstabe um eine Stelle verschoben: offensichtlich kein besonders klarer Klartext. Dann wurde der Geheimtext um zwei Stellen verschoben, dann um drei, ... so lange, bis sich plötzlich, als um neun Stellen verschoben wurde, ein deutscher Satz ergab! Alle anderen Verschiebungen liefern auch nur Unsinn. Damit ist der Cäsar-Code geknackt.

U	Z	V	J	V	I	J	R	K	Q	Z	J	K	X	V	Y	V	Z	D
V	A	W	K	W	J	K	S	L	R	A	K	L	Y	W	Z	W	A	E
W	B	X	L	X	K	L	T	M	S	B	L	M	Z	X	A	X	B	F
X	C	Y	M	Y	L	M	U	N	T	C	M	N	A	Y	B	Y	C	G
Y	D	Z	N	Z	M	N	V	O	U	D	N	O	B	Z	C	Z	D	H
Z	E	A	O	A	N	O	W	P	V	E	O	P	C	A	D	A	E	I
A	F	B	P	B	O	P	X	Q	W	F	P	Q	D	B	E	B	F	J
B	G	C	Q	C	P	Q	Y	R	X	G	Q	R	E	C	F	C	G	K
C	H	D	R	D	Q	R	Z	S	Y	H	R	S	F	D	G	D	H	L
D	*I*	*E*	*S*	*E*	*R*	*S*	*A*	*T*	*Z*	*I*	*S*	*T*	*G*	*E*	*H*	*E*	*I*	*M*
E	J	F	T	F	S	T	B	U	A	J	T	U	H	F	I	F	J	N
F	K	G	U	G	T	U	C	V	B	K	U	V	I	G	J	G	K	O
G	L	H	V	H	U	V	D	W	C	L	V	W	J	H	K	H	L	P
H	M	I	W	I	V	W	E	X	D	M	W	X	K	I	L	I	M	Q
I	N	J	X	J	W	X	F	Y	E	N	X	Y	L	J	M	J	N	R
J	O	K	Y	K	X	Y	G	Z	F	O	Y	Z	M	K	N	K	O	S
K	P	L	Z	L	Y	Z	H	A	G	P	Z	A	N	L	O	L	P	T
L	Q	M	A	M	Z	A	I	B	H	Q	A	B	O	M	P	M	Q	U
M	R	N	B	N	A	B	J	C	I	R	B	C	P	N	Q	N	R	V
N	S	O	C	O	B	C	K	D	J	S	C	D	Q	O	R	O	S	W
O	T	P	D	P	C	D	L	E	K	T	D	E	R	P	S	P	T	X
P	U	Q	E	Q	D	E	M	F	L	U	E	F	S	Q	T	Q	U	Y
Q	V	R	F	R	E	F	N	G	M	V	F	G	T	R	U	R	V	Z
R	W	S	G	S	F	G	O	H	N	W	G	H	U	S	V	S	W	A
S	X	T	H	T	G	H	P	I	O	X	H	I	V	T	W	T	X	B
T	Y	U	I	U	H	I	Q	J	P	Y	I	J	W	U	X	U	Y	C

Warum funktioniert diese Attacke? Sie kann nur Erfolg haben, wenn die Anzahl der Schlüssel so klein ist, dass man in vernünftiger Zeit alle ausprobieren kann.

Bei der Cäsar-Verschlüsselung gibt es nur 26 Schlüssel, eine äußerst kleine Zahl. Die heute eingesetzten Algorithmen benutzen eine viel größere Zahl von Schlüsseln; in der Tat muss die Anzahl der Schlüssel im Idealfall so groß sein, dass man auch mit der geballten Rechenleistung des gesamten Internets Jahrzehnte bräuchte, um alle Schlüssel durchzutesten.

Aber auch eine extrem große Schlüsselvielfalt garantiert nicht, dass der Algorithmus sicher ist, denn es gibt noch zahlreiche andere Angriffe. Im Zusammenhang mit der Cäsar-Verschlüsselung ist der folgende wichtig:

– *Statistische Analyse*

Im D*e*utsch*e*n komm*e*n, wi*e* in j*e*d*e*r l*e*b*e*nd*e*n Sprach*e*, nicht all*e* Buchstab*e*n gl*e*ich häufig vor. *E*s gibt ausg*e*sproch*e*n s*e*lt*e*n*e* Buchstab*e*n, wi*e* *e*twa J, Q, X und Y. D*e*r mit Abstand häufigst*e* Buchstab*e* ist *E*: Knapp *e*in Fünft*e*l all*e*r Buchstab*e*n *e*in*e*s normal*e*n d*e*utsch*e*n T*e*xt*e*s sind *E*. D*e*r zw*e*ithäufigst*e* Buchstab*e* ist N, di*e*s*e*r kommt in *e*twa *e*in*e*m Z*e*hnt*e*l all*e*r Fäll*e* vor.

Diese Tatsache können wir wie folgt ausnutzen. Der Klartextbuchstabe E wird immer in denselben Geheimtextbuchstaben übersetzt, nämlich in den Buchstaben des Geheimtextalphabets, der unter dem E steht. Zum Beispiel könnte dies der Buchstabe V sein. Dann ist V der Buchstabe, der im Geheimtext am häufigsten vorkommt.

Nun drehen wir den Spieß um. Wir bestimmen im Geheimtext den häufigsten Buchstaben. Das geht ganz einfach, zum Beispiel mit einer Strichliste. Dieser Buchstabe muss dem Klartextbuchstaben E entsprechen. Also stellen wir die Cäsar-Scheiben entsprechend ein – und können jetzt genauso einfach entschlüsseln wie der legitime Empfänger.

Dies ist ein besonders effizienter Angriff, da er sehr leicht automatisiert werden kann. Mit einem ganz einfachen Programm kann ein Computer die Analyse vollautomatisch durchführen.

7. Monoalphabetische Verschlüsselung

Man kann den Cäsar-Code dadurch leicht abändern, dass man das Geheimtextalphabet nicht in natürlicher Reihenfolge, sondern wild durcheinandergewürfelt aufschreibt. Das könnte dann zum Beispiel so aussehen:

KTA: A B C D E F G H I J K L M N O P Q R S T U V W X Y Z
GTA: M U C D L K X W J Q A N E Z O V F B G H I P T Y R S

Die Verschlüsselung erfolgt nach dem gleichen Schema wie bei der Cäsar-Verschlüsselung, indem man von oben nach unten liest. Aus dem Wort WELTGEIST wird so die scheinbar undurchsichtige Buchstabenfolge TLNHXLJGH.

Man nennt eine solche Verschlüsselung *monoalphabetisch*, da immer ein und dasselbe Alphabet benutzt wird.

Um die Sicherheit dieses Verfahrens beurteilen zu können, müssen wir zunächst die Anzahl der Schlüssel bestimmen. Diese Anzahl ist so groß wie die Anzahl der Möglichkeiten für das Geheimtextalphabet, also so groß wie die Anzahl der verschiedenen Permutationen des Alphabets.

Wie groß ist die Anzahl aller Permutationen der 26 Buchstaben des Alphabets? Dazu stellen wir uns vor, dass wir die 26 Buchstaben in beliebiger Reihenfolge auf 26 Plätze schreiben.

Für den ersten Platz haben wir keine Einschränkung, noch stehen alle 26 Buchstaben zur Verfügung; also gibt es dafür 26 Möglichkeiten. Für den zweiten Buchstaben sind wir schon etwas eingeschränkt, denn der Buchstabe auf dem ersten Platz steht nicht mehr zur Verfügung; also haben wir nur noch 25 Möglichkeiten. Für den dritten Buchstaben gibt es dementsprechend nur noch 24 Möglichkeiten (denn die Buchstaben auf den ersten beiden Plätzen kommen nicht in Frage). Und so weiter. Für den vorletzten Buchstaben haben wir nur noch zwei Möglichkeiten (denn die Buchstaben auf den ersten 24 Plätzen sind schon vergeben), und für den allerletzten Buchstaben gibt es schließlich nur noch eine einzige Möglichkeit.

Wie viele Möglichkeiten sind das insgesamt? Da man jede Möglichkeit für den ersten Platz mit jeder für den zweiten Platz usw. kombinieren kann, ergeben sich genau

$$26 \cdot 25 \cdot 24 \cdot \ldots \cdot 2 \cdot 1$$

Möglichkeiten. Die Mathematiker kürzen diese Zahl mit 26! («26 Fakultät») ab. Man kann sie leicht ausrechnen; es ist

$$26! = 403.291.461.126.605.635.584.000.000$$

Diese Zahl ist riesengroß. Sie ist viel größer als mein Jahresgehalt (die größte Zahl, die ich mir konkret vorstellen kann); sie ist viel größer als die Anzahl der Menschen, die auf der Erde leben, und sie ist auch viel größer als die Anzahl der verschiedenen Tippreihen beim Lotto. Sie ist etwa so groß wie die Anzahl der Moleküle im Tank eines vollgetankten Pkw. Völlig aussichtslos, diese Riesenzahl von Schlüsseln durchprobieren zu wollen.

Also? Ist dieses Verschlüsselungsverfahren sicher? Vorsicht! Unsere Analyse zeigt nur, dass dieser spezielle Angriff nicht erfolgreich ist. Es könnte sehr wohl auch andere Angriffe geben, die diesem monoalphabetischen Verfahren entscheidend zusetzen.

Und solche Angriffe gibt es tatsächlich. Denn der zweite Angriff auf die Cäsar-Verschlüsselung, die statistische Analyse, kann auch hier erfolgreich eingesetzt werden.

Der Klartextbuchstabe E wird immer zu dem gleichen Buchstaben codiert; dieser kann im Geheimtext leicht identifiziert werden. Beim Cäsar-Code waren wir an dieser Stelle fertig, denn durch einen Buchstaben ist das gesamte Cäsar-Geheimtextalphabet bestimmt.

Bei einer allgemeinen monoalphabetischen Chiffrierung ist das Problem an dieser Stelle noch nicht gelöst, sondern nur reduziert. Wenn ein Angreifer den Buchstaben E identifiziert hat, muss er statt 26! Möglichkeiten «nur noch» 25! Möglichkeiten ausprobieren. Das klingt lächerlich, aber es ist immerhin eine Reduktion auf unter 4%. Wenn es ihm auch noch gelingt, den Buchstaben N (der etwa 10% aller Buchstaben ausmacht) zu identifizieren, hat er sein Ursprungsproblem schon auf etwa 1,5 Promille reduziert. Aber noch nicht gelöst.

Die Häufigkeiten der nächsten Buchstaben (I, S, R, A, T) liegen alle bei 6 bis 7 Prozent und damit so eng zusammen, dass man diese nicht mehr einfach isolieren kann.

Daher muss der Angreifer auch die Häufigkeiten der Buchstabenpaare in Betracht ziehen. Die häufigsten Paare aufeinanderfolgender Buchstaben sind EN, ER und CH. Durch den Vergleich mit dem bereits identifizierten E kann er also auch die

Buchstaben in der Menge {I, S, R, A, T} identifizieren. Außerdem kann er die Buchstaben C und H identifizieren (beide Buchstaben sind sehr selten, ergeben aber ein häufiges Paar).

_IT _IESEN I_ENTI_I_IER_N_EN _AT _ER AN_REI_ER _EREITS _AST __EI _RITTE_ A__ER __CHSTA_EN EINES _ EHEI_TE_TES ENTSCH__ESSE_T. N_N IST ES EIN _EICHTES, _EITERE __CHSTA_EN __ RATEN _N_ _ANN _EN TE_T ____STAEN_I_ __ ENTSCH__ESSE_N.

Wenn er zum Beispiel rät, welche Buchstaben den Klartextbuchstaben B, D, U entsprechen (dazu muss er jeweils nur eine Stelle finden, an der der entsprechende Buchstabe passt), erhält er:

_IT DIESEN IDENTI_I_IERUN_EN _AT DER AN_REI_ER _EREITS _AST __EI DRITTE_ A__ER BUCHSTABEN EINES _EHEI_TE_TES ENTSCH_UESSE_T. NUN IST ES EIN _EICHTES, _EITERE BUCHSTABEN _U RATEN UND DANN DEN TE_T ____STAENDI_ _U ENTSCH_UESSE_N.

Als Fazit halten wir fest: Obwohl monoalphabetische Verschlüsselungsverfahren eine so gigantische Zahl von Schlüsseln haben, dass ein systematisches Durchprobieren aussichtslos ist, sind diese Verfahren alles andere als sicher. Durch schlaues Ausnützen der statistischen Eigenschaften der deutschen Sprache kann man dieses Verfahren leicht knacken.

Diese Beobachtung kann auf viele Algorithmen angewendet werden. Die Sicherheit fast aller heutigen Algorithmen wird damit begründet, dass *gewisse* Angriffe nicht funktionieren. Zum Beispiel wird ein gewissenhafter Entwickler eines Algorithmus *alle ihm bekannten* Angriffe untersuchen und seinen Algorithmus nur dann einsetzen, wenn er gegen all diese Angriffe resistent ist.

Damit kann er aber nicht ausschließen, dass *kein* Angriff Erfolg hat. Es könnte durchaus sein (und ist in der Geschichte der Kryptographie oft geschehen), dass plötzlich eine Idee aufkommt, an die noch nie jemand gedacht hat und die die Sicherheit eines zuvor für «praktisch unknackbar» gehaltenen Algorithmus zunichtemacht.

Verkürzt ausgedrückt: Viele heutige Algorithmen sind (nur) deswegen sicher, weil sie noch nicht geknackt wurden.

Das gilt aber nicht für alle Algorithmen. Die große Ausnahme sind die unknackbaren Algorithmen, die wir im nächsten Kapitel kennenlernen werden.

8. Polyalphabetische Verschlüsselung

Neue Ideen braucht die Welt. Die Schwäche der monoalphabetischen Verschlüsselungsverfahren beruht darauf, dass die Häufigkeit der Buchstaben erhalten bleibt, diese nur anderen Buchstaben zugeordnet werden.

Man müsste also so verschlüsseln können, dass die Häufigkeiten der Buchstaben im Geheimtext möglichst gleich groß sind.

Dies könnte man dadurch erreichen, dass man nicht stets dasselbe Geheimtextalphabet benutzt, sondern die Alphabete wechselt, also viele Alphabete benutzt. Daher spricht man von einer *polyalphabetischen* Verschlüsselung.

Das muss aber so geschehen, dass der Empfänger den Geheimtext leicht entschlüsseln kann. (Es ist ja keine Kunst, einen Text so zu verändern, dass *niemand* mehr diesen lesen kann! Die Herausforderung ist die, den Text so zu gestalten, dass niemand außer dem legitimen Empfänger ihn lesen kann.)

Diese Idee entstand im 16. Jahrhundert in vielen Köpfen. Um nur die wichtigsten zu nennen: die Italiener Leon Battista Alberti (1404–1472) und Giovan Battista Della Porta (1535–1615), der Deutsche Johannes von Trittenheim (Trithemius, 1462–1516) und der Franzose Blaise de Vigenère (1523–1585). Alles ausgesprochen eindrucksvolle Charaktere, die auf vielen Gebieten bedeutende Erkenntnisse erzielten.

Wir stellen das System von Vigenère aus dem Jahr 1585 dar, weil es dasjenige ist, das am einfachsten zu beschreiben ist.

Bei diesem Verschlüsselungsverfahren werden die einzelnen Klartextbuchstaben durch verschiedene Alphabete verschlüsselt. Man verwendet wechselnde Alphabete, und der Wechsel der Alphabete wird durch ein *Schlüsselwort* gesteuert.

Stellen wir uns vor, das Schlüsselwort heißt BERLIN. Dann wird der erste Buchstabe mit dem Cäsar-Alphabet verschlüsselt, das mit B beginnt, der zweite Buchstabe mit dem Alphabet, das mit E beginnt, der dritte mit dem Alphabet, das mit R beginnt, usw.

Wir machen uns dies an einem Beispiel klar. Dazu erstellen wir eine systematische Liste aller 26 Cäsar-Alphabete:

A	B	C	D	E	F	G	H	I	J	K	L	M	N	O	P	Q	R	S	T	U	V	W	X	Y	Z
B	C	D	E	F	G	H	I	J	K	L	M	N	O	P	Q	R	S	T	U	V	W	X	Y	Z	A
C	D	E	F	G	H	I	J	K	L	M	N	O	P	Q	R	S	T	U	V	W	X	Y	Z	A	B
D	E	F	G	H	I	J	K	L	M	N	O	P	Q	R	S	T	U	V	W	X	Y	Z	A	B	C
E	F	G	H	I	J	K	L	M	N	O	P	Q	R	S	T	U	V	W	X	Y	Z	A	B	C	D
F	G	H	I	J	K	L	M	N	O	P	Q	R	S	T	U	V	W	X	Y	Z	A	B	C	D	E
G	H	I	J	K	L	M	N	O	P	Q	R	S	T	U	V	W	X	Y	Z	A	B	C	D	E	F
H	I	J	K	L	M	N	O	P	Q	R	S	T	U	V	W	X	Y	Z	A	B	C	D	E	F	G
I	J	K	L	M	N	O	P	Q	R	S	T	U	V	W	X	Y	Z	A	B	C	D	E	F	G	H
J	K	L	M	N	O	P	Q	R	S	T	U	V	W	X	Y	Z	A	B	C	D	E	F	G	H	I
K	L	M	N	O	P	Q	R	S	T	U	V	W	X	Y	Z	A	B	C	D	E	F	G	H	I	J
L	M	N	O	P	Q	R	S	T	U	V	W	X	Y	Z	A	B	C	D	E	F	G	H	I	J	K
M	N	O	P	Q	R	S	T	U	V	W	X	Y	Z	A	B	C	D	E	F	G	H	I	J	K	L
N	O	P	Q	R	S	T	U	V	W	X	Y	Z	A	B	C	D	E	F	G	H	I	J	K	L	M
O	P	Q	R	S	T	U	V	W	X	Y	Z	A	B	C	D	E	F	G	H	I	J	K	L	M	N
P	Q	R	S	T	U	V	W	X	Y	Z	A	B	C	D	E	F	G	H	I	J	K	L	M	N	O
Q	R	S	T	U	V	W	X	Y	Z	A	B	C	D	E	F	G	H	I	J	K	L	M	N	O	P
R	S	T	U	V	W	X	Y	Z	A	B	C	D	E	F	G	H	I	J	K	L	M	N	O	P	Q
S	T	U	V	W	X	Y	Z	A	B	C	D	E	F	G	H	I	J	K	L	M	N	O	P	Q	R
T	U	V	W	X	Y	Z	A	B	C	D	E	F	G	H	I	J	K	L	M	N	O	P	Q	R	S
U	V	W	X	Y	Z	A	B	C	D	E	F	G	H	I	J	K	L	M	N	O	P	Q	R	S	T
V	W	X	Y	Z	A	B	C	D	E	F	G	H	I	J	K	L	M	N	O	P	Q	R	S	T	U
W	X	Y	Z	A	B	C	D	E	F	G	H	I	J	K	L	M	N	O	P	Q	R	S	T	U	V
X	Y	Z	A	B	C	D	E	F	G	H	I	J	K	L	M	N	O	P	Q	R	S	T	U	V	W
Y	Z	A	B	C	D	E	F	G	H	I	J	K	L	M	N	O	P	Q	R	S	T	U	V	W	X
Z	A	B	C	D	E	F	G	H	I	J	K	L	M	N	O	P	Q	R	S	T	U	V	W	X	Y

Dieses Schema nennt man das *Vigenère-Quadrat*. Wir schreiben nun den Klartext auf und darüber das Schlüsselwort, und zwar so oft wie nötig:

Schlüsselwort:	B	E	R	L	I	N	B	E	R	L	I	N	B	E	R	L
Klartext:	D	A	S	I	S	T	U	N	K	N	A	C	K	B	A	R

Die Verschlüsselung ist raffiniert: Um einen Klartextbuchstaben zu verschlüsseln, nimmt man den Schlüsselbuchstaben, der direkt darüber steht, und sucht das Alphabet, das mit diesem Buchstaben beginnt. Mit diesem Alphabet verschlüsselt man dann den Klartextbuchtstaben. Um zum Beispiel den ersten Klartextbuchstaben zu verschlüsseln, sucht man im Vigenère-Quadrat den Buchstaben in Zeile B und Spalte D; das ist E. Insgesamt ergibt sich damit folgender Geheimtext:

Schlüsselwort:	B	E	R	L	I	N	B	E	R	L	I	N	B	E	R	L
Klartext:	D	A	S	I	S	T	U	N	K	N	A	C	K	B	A	R
Geheimtext:	E	E	J	T	A	G	V	R	B	Y	I	P	L	F	R	C

Haben wir den gewünschten Erfolg erzielt? Ja, denn gleiche Buchstaben des Klartexts werden in verschiedene Geheimtextbuchstaben übersetzt (zum Beispiel werden die drei As in E, I und R übersetzt); andererseits kommen gleiche Geheimtextbuchstaben von verschiedenen Klartextbuchstaben her; zum Beispiel stammt E einmal von D und einmal von A ab.

In der Tat bietet der Vigenère-Code eine ungleich höhere Sicherheit als etwa der Cäsar-Code. Die im 16. Jahrhundert entwickelten Verfahren waren so stark, dass sie über 300 Jahre lang Bestand hatten – eine äußerst lange Lebensdauer!

Erst der preußische Infanteriemajor Friedrich Wilhelm Kasiski (1805–1881) entdeckte die Achillesferse dieser Codes. Um seine Grundidee verstehen zu können, schauen wir uns noch einmal den Verschlüsselungsvorgang an.

Wir hätten uns das Verschlüsseln auch einfacher machen können: Alle Buchstaben, die unter dem Schlüsselwortbuchstaben B stehen, werden mit demselben Geheimtextalphabet verschlüsselt; also hätten wir zuerst diese Buchstaben verschlüsseln können. Ebenso werden alle Buchstaben, die unter dem Schlüsselwortbuchstaben E stehen (das sind die Buchstaben Nr. 2, 8, 14, 20, ...), mit dem Geheimtextalphabet verschlüsselt, das mit E beginnt, usw.

Jetzt versetzen wir uns in die Rolle eines Angreifers. Angenommen, wir wüssten, dass das Schlüsselwort aus sechs Buchstaben besteht. Dann schauen wir uns die Buchstaben an, die jeweils unter dem ersten Schlüsselwortbuchstaben stehen. Das sind die Buchstaben an den Stellen 1, 7, 13, 19, 25, ... Diese wären also alle mit dem Geheimtextalphabet verschlüsselt worden, das mit dem ersten Schlüsselwortbuchstaben beginnt. Bei diesen Buchstaben handelt es sich also um einen (unzusammenhängenden) Teil eines Cäsar-Codes. Wir wissen aber, wie man diesen knacken kann: Wir bestimmen den häufigsten Buchstaben; dieser muss dem E entsprechen. Wir suchen das entsprechende Alphabet und haben den ersten Schlüsselwortbuchstaben gefunden.

Als Nächstes schauen wir uns die Buchstaben an den Stellen 2, 8, 14, 20, ... an, also die Buchstaben, die jeweils unter dem zweiten Schlüsselwortbuchstaben stehen. Auch diese bilden einen Text, der aus einem einzigen Cäsar-Alphabet entstanden ist. Wieder bestimmen wir den häufigsten Buchstaben und finden damit auch den zweiten Schlüsselwortbuchstaben.

Und so weiter. So kann man schrittweise das gesamte Schlüsselwort bestimmen – *wenn* man weiß, wie viele Buchstaben das Schlüsselwort hat.

Und wenn nicht? Darauf gibt es zwei Antworten: Kasiskis Antwort und eine Antwort mit Hilfe der modernen Computer. Kasiski hat eine geniale Methode entwickelt, mit der man durch Mustervergleich die Schlüsselwortlänge bestimmen kann (siehe zum Beispiel [Beu], S. 40 ff.). Die moderne Antwort beruht darauf, dass man die Bestimmung des häufigsten Buchstabens und damit die gesamte oben beschriebene Analyse automatisieren kann. Dabei lässt man einen Computer einfach viele Analysen durchführen: zunächst unter der Annahme, dass das Schlüsselwort nur *zwei* Buchstaben hat. Dann nimmt der Rechner an, dass das Schlüsselwort aus *drei* Buchstaben besteht, usw. Auf diese Weise lässt man den Text «entschlüsseln». Wenn der Rechner die falsche Schlüsselwortlänge gewählt hat, sieht man nur ein Durcheinander von Buchstaben; sobald er aber die richtige Anzahl gewählt hat, erkennt man den Klartext.

Beide Methoden sind allerdings nur dann erfolgreich, wenn das Schlüsselwort kurz im Vergleich zum Gesamttext ist. Je länger das Schlüsselwort wird, desto stärker bewegen wir uns auf die unknackbaren Codes zu, die im nächsten Kapitel vorgestellt werden.

9. Die Enigma

Seit den Zeiten von Alberti, dem Erfinder der Chiffrierscheiben, wurden in zunehmendem Maße mechanische Hilfsmittel zum Ver- und Entschlüsseln verwendet. Jede dieser kryptographischen Maschinen wäre eine Geschichte wert. Wir erwähnen hier nur die Maschine aller Maschinen, die Enigma.

Der Name (*enigma*, griech.: Rätsel) ist genial gewählt, die Maschine ist sehr gut konstruiert, und sie wurde (nachdem sie auf dem zivilen Markt keine Chancen gehabt hatte) durch den Einsatz während des Zweiten Weltkriegs in der deutschen Wehrmacht zu einem enormen Erfolg; zusammen mit ihrem amerikanischen Gegenstück, der M-209, ist die Enigma die meistverkaufte mechanische Verschlüsselungsmaschine.

Nach Einschätzung vieler Historiker hat die Enigma, insbesondere ihre Entschlüsselung durch die Polen und Engländer, den Ausgang des Zweiten Weltkriegs mitbestimmt, insbesondere seine Dauer verkürzt. Die Enigma ist aber auch Gegenstand dramatischer Romane und Filme ([Har]).

Oberflächlich betrachtet sieht eine Enigma aus wie eine altmodische Schreibmaschine: Um einen Buchstaben zu verschlüsseln, drückt man auf die entsprechende Taste der Tastatur, woraufhin ein Lämpchen aufleuchtet, das einen Buchstaben anzeigt; dies ist der zugehörige Geheimtextbuchstabe. Es wird berichtet, dass man zum Verschlüsseln drei Mann brauchte: einen, der den Klartext Buchstabe für Buchstabe eintippte, einen, der die aufleuchtenden Geheimtextbuchstaben laut vorlas, und einen, der diese aufschrieb.

Wenn man sich das Rätsel Enigma genauer ansieht und die Maschine öffnet, sieht man zunächst einige «Rotoren». Die Rotoren sind – ähnlich wie ein mechanischer Kilometerzähler – miteinander gekoppelt und werden nach jeder Eingabe eines Buchstabens um eine Einheit weitergedreht. So ergibt sich eine große «Periode», das heißt, erst nach langer Zeit ist die Maschine wieder im Ausgangszustand. Auf diesem Prinzip beruhen fast alle mechanischen Verschlüsselungsgeräte.

Eine Enigma enthält typischerweise drei (bei manchen Modellen auch vier) Rotoren, die jeweils 26 Einstellungen haben, die durch die Buchstaben des Alphabets bezeichnet sind. Diese Einstellungen haben auf jeder Seite eines Rotors elektrische Kontakte. Sie sind so ausgestaltet, dass die Kontakte auf der linken Seite eines Rotors auf die Kontakte auf der rechten Seite des benachbarten Rotors passen. Die Kontakte auf der einen Seite eines Rotors sind mit denen auf der anderen Seite durch eine feste Verdrahtung verbunden; dies entspricht einer Permutation der Buchstaben. Die Rotoren kann man von Hand verstellen; die – täglich neu vorgenommene – Einstellung der Rotoren bildet den Schlüssel der Enigma.

Wenn ein Buchstabe getippt wird, wird ein Stromkreis geschlossen, der ein entsprechendes Lämpchen zum Leuchten bringt. Der Stromkreis verläuft, von der Taste ausgehend, von links nach rechts durch die drei Rotoren. Am Ende des dritten Rotors befindet sich die «Umkehrwalze». Deren 26 Kontakte sind untereinander verdrahtet, so dass der Stromkreis an dieser Stelle von einem Kontakt der linken Seite des dritten Rotors zu einem anderen Kontakt dieser Seite verläuft. Danach wird der Stromkreis über die Rotoren zurückgeführt und bewirkt letztlich das Aufleuchten eines Lämpchens.

Die Konstruktion der Umkehrwalze hat zur Folge, dass nie ein Buchstabe in sich selbst verschlüsselt wird. Was auf den ersten Blick als Vorteil wirkt, ist die entscheidende Schwäche der Enigma, aufgrund derer eine Analyse überhaupt erst möglich war.

In der Tat ist die Geschichte der Analyse der Enigma mindestens so spannend wie ihre Funktionsweise und ihr Einsatz. Bereits 1932 hatten polnische Mathematiker die aktuelle Version der Enigma vollständig analysiert. Dabei kann der Beitrag des damals erst 27 Jahre alten Marian Rejewski kaum hoch genug eingeschätzt werden. Ihm gelang es insbesondere, die Verdrahtung der Rotoren und der Umkehrwalze zu ermitteln. So war es möglich, aus abgefangenen Funksprüchen den aktuellen Schlüssel zu ermitteln.

Die Engländer hatten ihr Entschlüsselungszentrum in Bletchley Park. Zu dessen größten Erfolgen gehört sicherlich die Analyse der Enigma. Diese war so erfolgreich, dass die Engländer ab 1940 die Enigma-verschlüsselten Geheimbotschaften der deutschen Wehrmacht unbemerkt entziffern konnten.

Die Analyse war – neben der oben genannten Schwäche – auch deswegen erfolgreich, weil die Enigma schlecht benutzt wurde. Täglich musste ein neuer Schlüssel übermittelt werden. Bei der Enigma mit drei Rotoren bestand dieser aus drei Buchstaben, durch die die Einstellung der Rotoren festgelegt wurde. Die Übertragung des Schlüssels geschah zwar verschlüsselt, aber dennoch wurden zwei Fehler gemacht. Zum einen hatte man Sorge, dass bei der Übertragung ein Schlüsselbuchstabe zufällig verfälscht würde; dann hätte die Gegenstelle nicht entschlüsseln können. Daher hat man den Schlüssel zweimal hintereinander übertragen. Ohne in die technischen Details zu gehen, ist klar, dass diese Tatsache bei der Kryptoanalyse sehr wichtig war. Zum andern wurden die Schlüsselbuchstabenkombinationen offenbar genauso einfallslos gewählt, wie wir heute unsere Passwörter wählen: AAA, ABC und ähnlich primitive Kombinationen waren außerordentlich häufig. Auch das nützt jedem Kryptoanalytiker direkt, da dadurch die Anzahl der Schlüssel de facto enorm reduziert wird.

An der Analyse der Enigma durch die Engländer sind zwei Dinge besonders bemerkenswert.

– Der berühmteste Mitarbeiter in Bletchley Park war der Mathematiker Alan Turing (1912–1954), den man auch den ersten theoretischen Informatiker nennen könnte. Turing hat die bis heute grundlegenden Erkenntnisse für eine Theorie der Berechenbarkeit entwickelt. Über sein letztlich tragisches Leben gibt es eindrucksvolle Berichte, z. B. [Hoch].

- Um die unglaublich umfangreichen Berechnungen zur Analyse der Enigma durchführen zu können, wurde ab 1943 einer der ersten Prototypen der modernen Computer, der *Colossus*, eingesetzt.

10. Ziele der modernen Kryptographie

In diesem Kapitel warfen wir einige Streiflichter auf die Geschichte der Kryptographie. Von nun an beschäftigen wir uns mit der Gegenwart oder richten unseren Blick sogar in die Zukunft.

Wir beschließen daher dieses Kapitel mit einer Zusammenfassung der Ziele der Kryptographie.

- Das historisch erste Ziel ist die Verheimlichung von Nachrichten. Dies geschieht durch den Mechanismus der *Verschlüsselung*; die zugrunde liegende Idee ist, dass nur derjenige, der den geheimen Schlüssel besitzt, die verschlüsselte Nachricht entschlüsseln kann.
- Seit einigen Jahrzehnten ist als mindestens ebenso wichtiges Ziel hinzugekommen, Daten so zu gestalten, dass deren Echtheit nachgewiesen werden kann. Der zugehörige Mechanismus heißt *Authentifikation* (auch Authentikation); dieser basiert auf der Idee, dass man unter Zuhilfenahme eines geheimen Schlüssels einen Datensatz so verändern kann, dass sich dessen Echtheit, insbesondere also seine Unversehrtheit und sein Ursprung, nachweisen lässt.
- Moderne Kryptographie beschäftigt sich nicht nur mit den «Basismechanismen» Verschlüsselung und Authentifikation, sondern kombiniert diese zu zum Teil äußerst komplexen Anwendungen. Wir werden dies am Beispiel des elektronischen Geldes in einem späteren Kapitel ausführlich studieren.

III. Wie viel Sicherheit gibt es? oder Wir gegen den Rest der Welt

1. Unknackbare Codes?

Die Sicherheit der im vorigen Kapitel betrachteten Geheimcodes war eine Frage der Zeit; die wesentliche Frage war nicht, *ob*, sondern, *wann* sie geknackt würden.

Ob sie überhaupt geknackt werden könnten, diese Frage stellte sich gar nicht: «Es war klar», dass jeder Algorithmus irgendwann geknackt werden würde, und eigentlich war nur interessant, wie lange das Verfahren einsatzfähig bliebe. Der Vigenère-Algorithmus blieb immerhin fast 300 Jahre lang unangetastet, und das ist ein respektables Alter.

Ist diese Überlegung richtig? Sollten wir nicht etwas mutiger fragen? Etwa so: Gibt es Algorithmen, die nicht nur 300 Jahre, sondern 1000 Jahre, ja vielleicht sogar für alle Ewigkeit ungeknackt bleiben? Mit anderen Worten: Gibt es unknackbare Geheimcodes?

Eine auf den ersten Blick unglaubliche Vorstellung! Stellen Sie sich vor, dass wir ein Stück Geheimtext abgefangen haben, etwa den Text, der auf Seite 18 als dritter Geheimtext aufgeführt war:

T F Z Z G R E D F Y A B X I F F H X Y.

Nun versuchen wir mit allen Hilfsmitteln der Welt: allen Computern und allen Mathematikern, diesen Code zu knacken – und es gelingt uns nicht! Damit nicht genug: Auch alle zukünftigen Computer und alle jemals lebenden Mathematiker und andere Wissenschaftler werden diesen Code nicht knacken können! Garantiert!

Unglaublich, aber wahr! Mehr noch: Wir sind diesem unknackbaren Code schon ganz nah. Denn wir müssen nur noch den Vigenère-Code zur Vollkommenheit entwickeln.

Anstatt die Alphabete zyklisch zu wechseln, also nach einer gewissen Anzahl von Buchstaben wieder von vorne anzufangen, wählen wir für jeden zu verschlüsselnden Buchstaben ein neues Alphabet, unabhängig von allen anderen. Wir können uns das so vorstellen, dass wir bei jedem Buchstaben die Cäsar-Scheibe wie ein Glücksrad drehen, warten, bis sie stehen bleibt, und mit dieser Einstellung verschlüsseln.

Ich habe auf diese Weise den Klartext

D I E S E R S A T Z I S T G E H E I M

verschlüsselt. Dazu habe ich die Scheibe 19-mal gedreht; als Schlüsselbuchstaben habe ich jeweils den Geheimtextbuchstaben gewählt, der dem Klartextbuchstaben A entsprach. Ich erhielt folgende Schlüsselfolge:

Q X V H C A M D M Z S J E C B Y D P M.

Damit konnte ich den Klartext nach der Vigenère-Methode aus dem ersten Kapitel verschlüsseln:

Schlüssel:	Q	X	V	H	C	A	M	D	M	Z	S	J	E	C	B	Y	D	P	M
Klartext:	D	I	E	S	E	R	S	A	T	Z	I	S	T	G	E	H	E	I	M
Geheimtext:	T	F	Z	Z	G	R	E	D	F	Y	A	B	X	I	F	F	H	X	Y

Der Geheimtext ist genau die Buchstabenfolge, von der ich oben behauptet habe, sie sei ein unknackbarer Text!

Warum ist dieser Text unknackbar? Das kann doch gar nicht sein! Im schlimmsten Fall muss man einfach alle Möglichkeiten ausprobieren, und eine muss dann der Klartext sein!?!

Nein, diese Überlegung trifft nicht den Kern der Sache. Dieser Code ist unknackbar, weil er zu *jedem* Klartext (aus 19 Buchstaben) entschlüsselt werden kann. Wie bitte? Und überhaupt: Was soll das heißen? Das heißt: Zu jedem Klartext aus 19 Buchstaben muss es einen Schlüssel geben, der diesen Klartext in den Geheimtext T F Z Z G R E D F Y A B X I F F H X Y übersetzt.

Konkret gefragt: Wie soll zum Beispiel der Klartext MATHE MACHT VIEL SPASS herauskommen?

Nichts leichter als das: Wir müssen dazu den ersten Schlüsselwortbuchstaben so wählen, dass M in T übersetzt wird; ein Blick auf das Vigenère-Quadrat auf Seite 30 (oder ein Ausprobieren mit der Cäsar-Scheibe) zeigt, dass dies durch den Schlüsselwortbuchstaben H bewirkt wird. Um den zweiten Schlüsselwortbuchstaben zu erhalten, müssen wir herausfinden, durch welches Alphabet A in X übersetzt wird; dies ist – natürlich – das Alphabet, das mit X beginnt. Jetzt ist der Bann gebrochen: Um T in N zu übersetzen, müssen wir als Schlüsselwortbuchstaben U wählen. Und so weiter:

Schlüssel:	H	F	G	S	C	F	E	B	Y	F	F	T	M	X	N	Q	H	F	G
Klartext:	M	A	T	H	E	M	A	C	H	T	V	I	E	L	S	P	A	S	S
Geheimtext:	T	F	Z	Z	G	R	E	D	F	Y	A	B	X	I	F	F	H	X	Y

Wir sehen: Wenn man nicht weiß, welcher Klartext herauskommen soll, kann man jeden Klartext erhalten; man kann den Klartext nur raten! Es lohnt sich gar nicht, Computer zu kaufen oder Mathematiker anzustellen. Das wäre in diesem Fall hinausgeworfenes Geld.

Das Verfahren ist nicht auf Buchstaben beschränkt, man kann statt Buchstaben auch Bits (also Nullen und Einsen) verschlüsseln. Dann ist auch der Geheimtext und der Schlüssel eine Folge von Bits. Die Verschlüsselung funktioniert ganz analog:

Schlüssel:	0	1	1	0	0	0	1	0	1	1	0	0	1	0	1	1
Klartext:	0	1	0	0	1	1	0	0	0	1	1	1	0	0	0	0
Geheimtext:	0	0	1	0	1	1	1	0	1	0	1	1	1	0	1	1

Dabei werden die Bits folgendermaßen verschlüsselt:

Schlüsselbit:	0	0	1	1
Klartextbit:	0	1	0	1
Geheimtextbit:	0	1	1	0

Dieses Verfahren heißt auch *one-time-pad* («Einmalblock»). Man stellt sich einen Abreißblock vor, auf dessen Blättern jeweils eine Null oder eine Eins steht. Um das erste Klartextbit zu verschlüsseln, benutzt man das Bit, das auf dem obersten Blatt steht. Dann reißt man das Blatt ab und wirft es weg. Für das zweite Klartextbit benutzt man das Bit auf dem zweiten Blatt, reißt auch dieses Blatt ab und wirft es weg.

Das one-time-pad wurde in dieser Form 1917 von dem amerikanischen Ingenieur Gilbert S. Vernam vorgeschlagen. Auch dieser Code ist unknackbar.

Natürlich hat ein unknackbarer Code seinen Preis, einen hohen Preis: die Schlüssellänge. Diese ist lang, genauso lang wie der Klartext – und dieser Schlüssel muss dem Empfänger zur Entschlüsselung übermittelt werden.

Paradox: Um einen Text geheim übertragen zu können, muss man vorher einen Text gleicher Länge (den Schlüssel) geheim übertragen haben! Wird da nicht der Teufel mit dem Beelzebub ausgetrieben?

Ja und nein. Ja, weil diese Aussage vollständig zutrifft. Nein, weil man den Zeitpunkt für die Schlüsselübertragung frei wählen kann, während man die Nachricht zu einem unvorhersehbaren Zeitpunkt so schnell wie möglich übermitteln muss.

Daher ist das one-time-pad nur in Extremfällen praktisch einsetzbar. Ich nenne drei Beispiele aus der Geschichte.

- Als die Engländer im Zweiten Weltkrieg die deutsche Verschlüsselungsmaschine Enigma geknackt hatten, setzten sie alles daran, dies vor den Deutschen geheim zu halten. (Denn sonst hätten die Deutschen einen neuen Code eingesetzt, und die Engländer hätten wieder von vorne anfangen können.) Daher verschlüsselten sie die geknackten deutschen Nachrichten auf dem Weg von den Codeknackern zu den militärischen Entscheidungsträgern mit der denkbar sichersten Methode, dem one-time-pad. Auch damit hatten die Engländer Erfolg: Dass die Enigma geknackt worden war, blieb bis 1974, also noch lange nach Kriegsende, ein Geheimnis.
- Als Soldaten der bolivianischen Armee 1967 den Revolutionär Che Guevara gefangen nahmen und töteten, fanden sie bei ihm ein Blatt Papier, auf dem er eine Nachricht an den kubanischen Präsidenten Fidel Castro chiffriert hatte. Er verwendete dazu eine Variante des one-time-pad.

Zunächst codierte er die Buchstaben des Klartexts nach einem festen Schema durch ein- und zweistellige Zahlen. Dann schrieb er diese in Fünfergruppen auf das Papier. Darunter schrieb er eine zufällige Ziffernfolge, die den Schlüssel bildete und den nur Castro und er selbst kannten. Dann addierte er die untereinanderstehenden Ziffern und notierte das Ergebnis (ohne Übertrag) in die dritte Zeile.

Die dritte Zeile bildete den Geheimtext. Diese Ziffernfolge wurde nach Kuba gefunkt und konnte dort wieder dechiffriert werden, indem zunächst an jeder Stelle die entsprechende Ziffer der Schlüsselfolge subtrahiert wurde (wieder ohne Übertrag) und die erhaltenen Ziffern dann wieder in Buchstaben umgesetzt wurden. (Vgl. hierzu [Spek], S. 84.)

– Der in Zeiten des Kalten Krieges installierte «heiße Draht» zwischen Washington und Moskau sollte dazu dienen, dass in Krisenzeiten der amerikanische Präsident und der Sekretär der KPdSU telefonisch miteinander in Verbindung treten konnten. Diese Verbindung war durch mehrere kryptographische Algorithmen geschützt, einer davon war ein one-time-pad. Es wird aber berichtet, dass diese Einrichtung von den Superchefs nie benutzt wurde, sondern nur von Technikern, die die Funktionsfähigkeit der Anlage überprüfen mussten.

2. Der DES

Wir kommen jetzt zu einem der bekanntesten heutigen Algorithmen, dem Algorithmus, der den Durchbruch beim Einsatz von Kryptographie in kommerziellem Umfald brachte und der bis heute eine Messlatte für alle anderen Algorithmen ist.

Dies ist der *Data Encryption Standard*, kurz der DES, der 1976 als amerikanischer Standard veröffentlicht wurde. Die Entwicklung baute auf dem Algorithmus «Lucifer» von IBM auf; die amerikanische National Security Agency (NSA) hat dann den endgültigen Algorithmus spezifiziert.

Wie funktioniert der DES? Der DES verschlüsselt Bits, und zwar jeweils einen Block von 64 Bits auf einen Schlag. Dazu wird ein Schlüssel von 56 Bits eingesetzt. Schematisch:

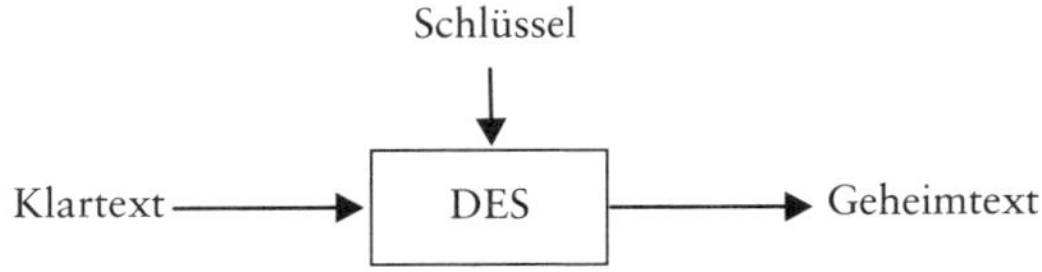

Die Grobstruktur des DES

Der Klartext muss als Folge von Bits vorliegen. Er wird in Blöcke von je 64 Bits eingeteilt, und dann werden die Blöcke der Reihe nach verschlüsselt.

Der eigentliche Algorithmus ist sehr kompliziert, aber er ist vollständig veröffentlicht, so dass ihn jeder programmieren und untersuchen kann (siehe zum Beispiel [BNS]).

Wie sicher ist der DES?

Der DES ist nicht unknackbar. Er ist aber bislang – als Algorithmus – ungeknackt, und er scheint ein sehr guter Algorithmus zu sein.

In den Jahren unmittelbar nach der Veröffentlichung dieses Algorithmus sahen viele Wissenschaftler den DES sehr kritisch. Ihre reservierte Haltung hatte im Wesentlichen zwei Gründe:

- Zwar wurde jedes Bit des DES als Algorithmus veröffentlicht, aber die Designkriterien wurden zur Verschlusssache erklärt und werden bis heute geheim gehalten. Man konnte den Algorithmus benutzen und auch sehen, *wie* er aufgebaut war, aber es wurde nicht deutlich, *warum* er so und nicht anders konstruiert wurde.
- Besonders misstrauisch stimmte die Tatsache, dass der Algorithmus «Lucifer» eine Schlüssellänge von 128 Bits hatte, diese aber für den DES auf 56 Bits reduziert wurden. Viele äußerten den Verdacht, dies sei so gemacht, damit der DES zwar sicher erscheint, aber die NSA mit ihren Supercomputern in der Lage ist, den DES zu knacken.

Diese Kritik ist heute zu einem großen Teil verstummt. Allgemein sind die Experten der Meinung, dass der DES ein guter und sogar vorbildlicher Algorithmus ist. Dafür sprechen folgende Gründe:

1. Der DES-Algorithmus lebt nunmehr seit etwa über 30 Jahren. Er stand in dieser Zeit stets im Mittelpunkt des öffentlichen wissenschaftlichen Interesses. Ihn zu knacken ist nach wie vor eine große Herausforderung für Kryptologen. Alle haben sich daran versucht. Es gab praktische Tests, theoretische Untersuchungen und sogar Schätzungen, wie viel ein Computer kosten würde, der den DES knacken könnte.

Aber alles ohne durchschlagenden Erfolg. Keiner konnte bislang eine entscheidende Schwäche nachweisen. Beachten Sie aber den nächsten Punkt.

Der DES hat sich also bewährt. Und man wird auch in Zukunft auf Bewährtes setzen. (Dies ist aber ein gefährliches Argument: Auch wenn sich mein Auto zehn Jahre lang bewährt hat, kann doch der Tag kommen, an dem es nicht mehr läuft.)

2. Die Anzahl der Schlüssel für den DES scheint sehr groß zu sein. Da der Schlüssel 56 Bits umfasst, die alle unabhängig voneinander gewählt werden können, gibt es genau 2^{56} verschiedene Schlüssel. Das ist eine große Zahl:

$$2^{56} = 72.057.594.037.927.936$$

In Worten: zweiundsiebzig Billiarden siebenundfünfzig Billionen fünfhundertvierundneunzig Milliarden siebenunddreißig Millionen neunhundertsiebenundzwanzigtausend und neunhundertsechsunddreißig.

In jeder Anwendung des DES wird genau einer dieser 72 Billiarden Schlüssel verwendet. Die Aufgabe eines Angreifers besteht darin, diesen Schlüssel zu finden. Genauer gesagt sieht sich der Angreifer in folgender Situation: Er hat einen Geheimtextblock c und den dazugehörigen Klartextblock m. Er möchte den Schlüssel herausfinden, unter dem m in c überführt wird. Das ist natürlich noch schwieriger, als die berühmte Stecknadel im Heuhaufen zu finden.

Nun könnte ein optimistischer Angreifer natürlich sagen: Vielleicht habe ich ja Glück und finde den richtigen Schlüssel auf Anhieb. Ich wähle einfach einen Schlüssel zufällig, und der ist es!

Dieses Argument ist prinzipiell richtig, aber nur sehr prinzipiell, denn der Optimist macht sich offenbar keine Vorstellung davon, wie gering seine Erfolgschancen sind. Die Chance, mit einem Versuch den richtigen Schlüssel zu finden, ist

$$\frac{1}{2^{56}} \approx 0{,}0000000000000000138$$

Diese Wahrscheinlichkeit ist viel kleiner als die, am nächsten Samstag den Hauptgewinn im Lotto zu gewinnen und am Sonntag darauf vom Blitz erschlagen zu werden. Dieser Angriff könnte also für praktische Zwecke als bedeutungslos angesehen werden.

Es gibt aber eine sehr ernst zu nehmende Variante dieses Angriffs. Diese besteht darin, einen Computer alle 2^{56} Möglichkeiten durchprobieren zu lassen. Der Computer wendet der Reihe nach alle Schlüssel auf m an, bis er einmal c erhält. Ein normaler PC ist dafür immer noch viel zu langsam. Man hat aber Spezialchips entwickelt, die speziell darauf ausgerichtet sind, schnell Schlüssel wechseln zu können. Mit Hilfe dieser Chips ist es möglich, den richtigen Schlüssel innerhalb relativ kurzer Zeit zu finden. Tatsächlich wurde im Frühjahr 1999 eine DES-verschlüsselte Botschaft in gut 22 Stunden geknackt. Heute schafft man das in wenigen Sekunden. Noch beunruhigender als diese Tatsache an sich ist, dass der Angriff nicht auf einer Schwäche des DES, sondern auf einer systematischen Schlüsselsuche beruht. Das bedeutet, dass damit im Prinzip alle Algorithmen mit einer Schlüssellänge von 56 Bits geknackt sind!

Als Ausweg aus dieser Schwierigkeit wird heute allgemein empfohlen, anstelle des einfachen DES den sogenannten Triple-DES einzusetzen. Dazu verwendet man zwei Schlüssel k_1 und k_2 aus je 56 Bits. Die Gesamtschlüssellänge beträgt dann 112 Bits, und damit wird man einem Angriff durch systematische Schlüsselsuche auf lange Zeit gewachsen sein. Statt eines einfachen DES-Verfahrens geht man beim Triple-DES nach folgendem Schema vor:

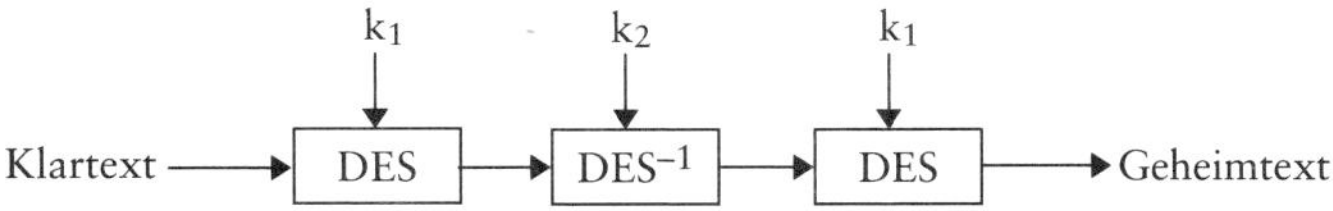

Funktionsweise des Triple-DES

Man erhält einen Geheimtextblock, indem man einen Klartextblock zunächst mit k_1 verschlüsselt, dann mit k_2 «entschlüsselt» und danach wieder mit k_1 verschlüsselt.

3. Die bislang geschilderten Angriffe sind unabhängig von der Feinstruktur des DES. Schon vor der Jahrtausendwende wurden aber auch Analysen veröffentlicht, die erstmals Einsicht in die interne Struktur des DES ermöglichten. Es handelt sich dabei um die *differentielle Analyse* und die *lineare Analyse*.

Diese Analysen sind viel zu kompliziert, um sie hier vorstellen zu können. Aber das Ergebnis ist wert, festgehalten zu werden: In der Vergangenheit wurden immer wieder Vorschläge gemacht, den DES durch «bessere» Algorithmen zu ersetzen: Lucifer sei – schon aufgrund der viel größeren Schlüssellänge – viel sicherer. Ein anderer Vorschlag lief darauf hinaus, die suspekten «S-Boxen», die den Kern des DES-Algorithmus bilden, durch zufällig gewählte S-Boxen zu ersetzen. Mit Hilfe der beiden oben genannten Analysen ist es gelungen, all diese «Verbesserungen» des DES als unsicher zu entlarven, während der DES selbst dabei kaum Schaden genommen hat.

Jemand hat einmal gesagt, dies zeige, dass die Kunst, gute Algorithmen zu konstruieren, in der öffentlichen Wissenschaft – im Gegensatz zu den im Geheimen wirkenden Institutionen der Geheimdienste – noch überhaupt nicht verstanden sei.

Nicht gerade ein Kompliment.

4. Man tut gut daran, Vorsorge für die Zukunft zu treffen. Deshalb suchten die Kryptologen weltweit nach einem Nachfolger für den DES. Dieser «advanced encryption standard» (AES) wurde im Oktober 2000 gekürt. Er hat eine Schlüssellänge von 128 bis 256 Bits, so dass er gegen eine systematische Schlüsselsuche ein für alle Mal sicher ist.

3. Steht meine PIN verschlüsselt auf meiner Bankkarte?

Die verbreitetste und populärste Anwendung des DES-Algorithmus ist das Geldausgabeautomatensystem. Das Prinzip ist einfach: Ich stecke meine Karte in den Automaten, dann tippe ich meine Geheimzahl (PIN, Personal Identification Number) ein und empfange den gewünschten Betrag.

Wir schauen uns den Vorgang etwas genauer an. Wenn ich meine Karte einführe, liest der Automat die Karte, d.h. die Daten, die auf dem Magnetstreifen gespeichert sind: Bankleitzahl, Kontonummer, Verfallsdatum und den Fehlbedienungszähler. Bankleitzahl und Kontonummer dienen dazu, die Identität der Karte und damit ihren Eigentümer festzustellen; es gibt zu einer gegebenen Bankleitzahl und Kontonummer nur eine Karte.

Der Zweck des Verfallsdatums und des Fehlbedienungszählers ist, die Gültigkeit der Karte zu überprüfen. Wenn das Verfallsdatum abgelaufen ist, ist die Karte ungültig, und der Automat bricht den Vorgang ab. Der Fehlbedienungszähler wurde als Mittel gegen systematisches Ausprobieren der Geheimzahl erfunden. Der Fehlbedienungszähler steht zunächst auf 3. Bei jeder Eingabe einer falschen Geheimzahl wird er um 1 reduziert. Bei Eingabe der richtigen PIN wird er auf 3 gesetzt. Wenn der Fehlbedienungszähler auf 0 steht, bricht der Automat den Vorgang ab.

Das bedeutet: Wenn jemand die Geheimzahl einer Karte nicht kennt (weil es nicht seine Karte ist oder weil er seine PIN schlicht vergessen hat), so hat er *höchstens drei sukzessive Fehlversuche*, das heißt drei aufeinanderfolgende falsche Eingaben. Wenn man allerdings nach zwei Fehlversuchen die richtige PIN eingibt, wird der Fehlbedienungszähler wieder auf 3 hochgesetzt, und die Karte ist wieder jungfräulich. Es ist klar, dass es nicht möglich sein darf, den Fehlbedienungszähler zu manipulieren! Dies wird dadurch verhindert, dass der Fehlbedienungszähler auch online im Bankcomputer mitgeführt wird.

Das waren technische Präliminarien. Interessant ist die Frage, *wie* der Automat meine Geheimzahl überprüft. Mit der richtigen Geheimzahl weise ich nach, dass ich der Besitzer der Karte bin, ich *beweise* damit meine Identität. Der Automat muss daher überprüfen, ob die eingegebene Zahl die Geheimzahl ist, die zu der Karte gehört.

Zunächst könnte man sich vorstellen, dass der Automat eine riesige Liste hat; in der ersten Spalte stehen alle Bankleitzahlen und Kontonummern und in der zweiten die dazugehörige Geheimzahl. Das kann man so machen; dann muss man allerdings der Sicherheit der verwendeten Computer vertrauen.

Deshalb haben sich die meisten Banken entschlossen, ein anderes Verfahren zu verwenden: Der Automat *berechnet* die Geheimzahl aus den Daten des Magnetstreifens (Bankleitzahl, Kontonummer, Verfallsdatum). Dazu wird ein kryptographischer Algorithmus, zum Beispiel der Triple-DES, unter einem geheimen Schlüssel verwendet. Ohne diesen geheimen Schlüssel hat niemand eine Chance, aus den offenen Daten des Magnetstreifens die zugehörige Geheimzahl zu berechnen. Genauer sieht diese Berechnung wie folgt aus:

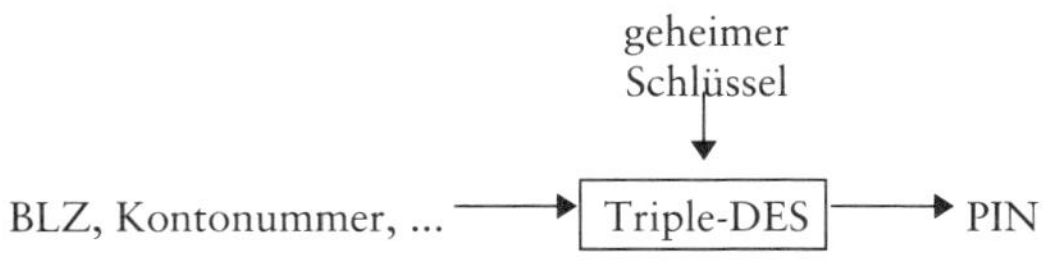

Der Geheimtext besteht aus 64 Bits; diese werden nach einem festen Verfahren, das kryptographisch keine Bedeutung hat, in die vier Ziffern der PIN umgewandelt.

Diese Berechnung wird zum ersten Mal vor der Ausgabe der Karte durchgeführt, um die PIN zu berechnen; diese wird dann auf den «PIN-Brief» gedruckt und dem Kontoinhaber zugeschickt.

Sodann wird diese Berechnung bei jeder Verwendung der Karte am Geldausgabeautomaten durchgeführt: Der Automat liest die Daten vom Magnetstreifen, berechnet die PIN, die zu diesen Daten gehört, und vergleicht diese PIN mit der eingegebenen Zahl. Wenn diese beiden Zahlen gleich sind, wird die Auszahlung freigegeben, sonst wird der Fehlbedienungszähler um 1 erniedrigt.

Wir schließen diesen Abschnitt, indem wir einige Fragen im Zusammenhang mit dem Geldausgabeautomatensystem stellen und beantworten.

1. *Ist die PIN auf dem Magnetstreifen gespeichert?*
Nein.

2. *Ist die PIN verschlüsselt auf dem Magnetstreifen gespeichert?*
Hm, ja! Die Magnetstreifendaten bilden sozusagen den Klartext, während die PIN (ein Teil des) Geheimtext(es) ist. Insofern müsste man paradox formulieren: Die PIN ist *entschlüsselt* auf dem Magnetstreifen gespeichert.

3. *Ist das gefährlich?*
Nein. Ein guter Verschlüsselungsalgorithmus hat die Eigenschaft, dass man ohne Schlüssel keine Chance hat, vom Klartext auf den Geheimtext (oder umgekehrt) zu schließen. Solange der Triple-DES also nicht gebrochen ist, ist dieser Angriff illusorisch. Übrigens: Auch wenn man viele Magnetstreifendaten und die zugehörigen PINs hat, kann man daraus nicht die unbekannte PIN einer Karte berechnen. Ganz sicher ist der Triple-DES-Algorithmus eine der stärksten Stützen des Geldausgabeautomatensystems.

4. *Es gibt doch nur 10 000 PINs. Ist das gefährlich?*
Nein. Es ist richtig, dass es nur 10 000 PINs gibt. Bei etwa 50 Millionen Bankkarten in Deutschland haben also jeweils ca. 5000 Karten dieselbe Geheimzahl. Da ich aber nicht weiß, welche Karten dieselbe Geheimzahl wie meine haben, nützt mir diese Information gar nichts.

5. *Hat das PIN-Verfahren Nachteile? Welche?*
Ja, und diese liegen bei Ihnen – bzw. an der Art und Weise, wie ein Kunde mit dem Automaten kommuniziert. Insbesondere ist die Übertragung und Speicherung der PIN kritisch.

Übertragung: Die PIN wird kryptographisch ungeschützt eingegeben; dabei muss gewährleistet sein, dass kein anderer die eingegebene Ziffernfolge mitlesen kann. Das wird durch die Bauart des Automaten unterstützt; aber Sie als Kunde haben dabei eine wesentliche Mitverantwortung.

Speicherung: Der einzige sichere Speicher für Ihre PIN ist Ihr Gehirn! Schreiben Sie die PIN nie irgendwo auf! Sprechen Sie mit niemandem über Ihre PIN!

Natürlich ist es nicht einfach, sich diese vier zufälligen Ziffern zu merken: Wir Menschen sind nicht dafür gemacht, uns eine PIN zu merken. Aber die PIN ist keine Schikane, sondern ein entscheidender Teil Ihrer Sicherheit!

6. *Kann man den Magnetstreifen kopieren?*

Ja, sogar relativ billig. Aber wie wir oben gesehen haben, kann man damit keine Karten fälschen. Dennoch geht der Trend heute eindeutig zu Chipkarten, die einen viel größeren Speicher und vor allem einen Prozessor haben. Mit diesem können kryptographische Algorithmen ausgeführt werden, die einen ungleich höheren Schutz bieten.

4. Schlüsselaustausch

Damit zwei Personen vertraulich miteinander kommunizieren können, müssen sie einen gemeinsamen geheimen Schlüssel haben. Dieser Schlüssel muss, bevor die Kommunikation beginnen kann, vom Sender zum Empfänger, vom Empfänger zum Sender oder von einer dritten Instanz an beide geschickt werden. Das heißt: Die geheime Übermittlung einer Nachricht wird auf die geheime Übermittlung einer anderen Nachricht (dem Schlüssel) zurückgeführt.

Dies ist eine grundlegende Schwäche der Kryptographie, aber sie scheint unvermeidlich zu sein.

Bislang haben wir immer nur die Kommunikation zwischen zwei Personen betrachtet. Richtig dramatisch wird das Bild, wenn je zwei Personen aus einer großen Gruppe geheim miteinander kommunizieren wollen. Damit die Effekte deutlich erkennbar werden, stellen wir uns eine Gruppe von einer Million Teilnehmern vor. Das ist nicht unrealistisch, wenn man daran denkt, dass alle 34 Millionen Fernsprechteilnehmer in Deutschland vertraulich miteinander sprechen möchten oder dass jeder der über 60 Millionen deutschen Internetnutzer mit jedem anderen vertraulich kommunizieren möchte.

- Dann muss jeder Teilnehmer mit jedem anderen einen separaten geheimen Schlüssel haben. Jeder der 1 000 000 Teilnehmer muss also 999 999 Schlüssel (nämlich einen für jeden anderen) geheim speichern. Eine ernsthafte geheime Speicherung setzt Spezialhardware, sog. Sicherheitsmodule, voraus und ist sehr teuer.
- Jeder Schlüssel muss mindestens einmal auf sichere Weise ausgetauscht werden. In unserem Beispiel sind das 499 999 500 000 (knapp eine halbe Billion) Schlüssel. Die sicherste (?) Art, Schlüssel auszutauschen, ist, einen vertrauenswürdigen Boten zu schicken. Unvorstellbar, eine halbe Billion Schlüssel durch Boten überbringen zu lassen!
- Wenn ein Teilnehmer hinzukommt, muss dieser mit jedem alten Teilnehmer einen Schlüssel austauschen; jeder alte Teilnehmer muss diesen Schlüssel speichern.

Das Problem der Schlüsselverteilung und -speicherung ist ein eminent praktisches Problem, und deshalb hat man Lösungen entwickelt, die das Problem reduzieren – allerdings nicht vollständig lösen können.

Die Grundidee zur Lösung war die folgende: Es gibt eine Instanz, der alle vertrauen, eine sog. «vertrauenswürdige dritte Instanz» (Trusted Third Party, TTP, manchmal auch Trust Center genannt). Jeder Teilnehmer A hat einen geheimen Schlüssel k_A fest gespeichert; all diese Schlüssel sind außerdem bei der TTP vorhanden. Man muss also «nur noch» die 1 000 000 Schlüssel zwischen der TTP und den einzelnen Teilnehmern austauschen.

Diese Schlüssel dienen dazu, die eigentlichen Kommunikationsschlüssel verschlüsselt zu übertragen. Im Klartext: Wenn A und B geheim miteinander kommunizieren möchten, teilt A dies der TTP mit. Diese erzeugt dann einen Kommunikationsschlüssel, den sie mit k_A bzw. k_B verschlüsselt an A bzw. B überträgt. Die Teilnehmer A und B entschlüsseln die erhaltene Nachricht mit ihren Schlüsseln und haben einen gemeinsamen Schlüssel, den sie zur Verschlüsselung der eigentlichen Nachricht benutzen können.

Das Problem der Schlüsselverteilung und -speicherung wurde so *reduziert:* Es müssen weniger Schlüssel übermittelt und gespeichert werden. Das Problem wurde aber *nicht gelöst*. Durch ausgeklügelte Modelle kann man das Problem noch weiter reduzieren, aber nie vollständig lösen. An irgendeiner Stelle muss stets ein Schlüssel übertragen werden, der nicht durch einen «höheren» Schlüssel verschlüsselt werden kann. An dieser Stelle müssen die beiden Instanzen gemeinsam einer menschlichen Übertragung vertrauen.

Man könnte natürlich fragen, ob dies wirklich so sein muss: Können zwei Personen einen gemeinsamen geheimen Schlüssel erhalten, ohne dass sie vorher ein gemeinsames Geheimnis haben?

Eine «offenbar unsinnige» Frage, die man bestenfalls naiv nennen könnte. Denn jemand, der diese Frage stellt, hat «offenbar» nichts von Kryptographie verstanden.

In der Welt der klassischen Kryptographie ist diese Frage in der Tat unsinnig, da sie trivialerweise eine negative Antwort hat.

Die moderne Kryptographie begann aber in dem Augenblick, in dem diese Frage ernst genommen wurde.

Ob die Antwort «ja» oder «nein» lautet, wird das nächste Kapitel zeigen.

IV. Public-Key-Kryptographie oder Allein gegen alle

Es begann mit einer Provokation. 1976 erschien eine Arbeit mit dem nicht zu übersehenden Titel «New Directions in Cryptography». In dieser Arbeit nehmen sich die Autoren, Whitfield Diffie und Martin Hellman, des Problems einer Verschlüsselung ohne Schlüsselaustausch an, das bis dahin für «offensichtlich unlösbar» gehalten wurde: Kann ich einer Person, mit der ich noch nie Kontakt hatte, insbesondere noch nie ein Geheimnis ausgetauscht habe, eine verschlüsselte Nachricht schicken, die nur diese Person entschlüsseln kann?

Lösen die Autoren dieses Problem? Wenn man ehrlich ist: nein. Das Verdienst der Arbeit liegt darin, dass Diffie und Hellman die entscheidende Frage überhaupt stellen und sie ernst nehmen. Sie präparieren das Problem in aller Schärfe heraus und übersetzen es in mathematische Sprache. Dabei spielt der Begriff der «Trapdoor-Einwegfunktion» die Schlüsselrolle. Eine Einwegfunktion ist eine Funktion, die wie eine Einbahnstraße funktioniert: In einer Richtung geht es ganz einfach, in die andere Richtung geht nichts. Ein «trapdoor» (in diesem Zusammenhang am besten mit «Geheimgang» übersetzt) ist eine geheime Information, mit der man die Einwegfunktion doch rückgängig machen kann.

Diffie und Hellman weisen nach: *Wenn* es Trapdoor-Einwegfunktionen *gäbe, dann wäre* auch die Frage der Verschlüsselung ohne vorherigen Geheimnisaustausch gelöst. Damit ist die Frage auf die Frage nach der Existenz dieser Trapdoor-Einwegfunktionen zurückgeführt. Das klingt so, als ob ich meiner Tochter versprechen würde: «Wenn du in Mathe eine Eins schreibst, dann bekommst du einen Hund.» Dadurch weiß sie nur: Das eine ist mindestens so illusorisch wie das andere.

Kurze Zeit später machte sich ein anderes Forscherteam an

die Arbeit: Ronald Rivest, Adi Shamir und Len Adleman. Adi Shamir berichtet, dass sie zunächst beweisen wollten, dass es solche Trapdoor-Einwegfunktionen nicht geben kann. Wenn ihnen das gelungen wäre, so wäre das Ganze bestenfalls eine kleine mathematische Episode geblieben: Jemand schlägt ein Konzept vor, von dem jeder glaubt, dass es das nicht gibt, und jemand anderes beweist dann, dass es das nicht gibt. Damit kann man seine Publikationsliste verlängern. Akademische Beschäftigungstherapie.

Aber es kam anders. Nicht nur ist es Rivest, Shamir und Adleman nicht gelungen, die Nichtexistenz von Trapdoor-Einwegfunktionen nachzuweisen, sie stießen vielmehr bei ihren Beweisversuchen tatsächlich auf Trapdoor-Einwegfunktionen! Das führte 1977 zur Entwicklung des berühmtesten Public-Key-Algorithmus, des nach den Initialen seiner Erfinder so genannten RSA-Algorithmus. Diesen werden wir im folgenden Abschnitt vorstellen.

Die fundamentale «New Directions»-Arbeit von Diffie und Hellman leistete aber noch viel mehr. In ihr wird auch das Konzept der digitalen Signatur eingeführt und ein genialer Algorithmus zum Schlüsselaustausch angegeben.

Bei einer digitalen Signatur geht es nicht darum, dass eine handschriftliche Unterschrift elektronisch aufbereitet wird, vielmehr sollen die Funktionen einer handschriftlichen Unterschrift elektronisch nachgebildet werden.

Wesentliche Kennzeichen einer handschriftlichen Unterschrift sind die folgenden:
- Identitätsfunktion
- Echtheitsfunktion
- Warnfunktion

Diffie und Hellman konzentrieren sich auf die Identitäts- und Echtheitsfunktion und stellen folgende scheinbar paradoxe Frage: Ist es möglich, dass ich ein elektronisches Dokument so gestalte, dass
- niemand anderer als ich dies tun kann und
- jeder verifizieren kann, dass dies von mir stammt.

Es ist keine Kunst, nur eine dieser Forderungen zu erfüllen. Natürlich kann ich ein Dokument, sei es elektronisch oder nicht, so umgestalten, dass dies von niemand anderem exakt nachgemacht werden kann; ich muss dazu nur radikal genug vorgehen. Ebenso einfach ist es, ein Dokument so behutsam zu manipulieren, dass von jedem nachvollzogen werden kann, dass dies von mir stammt. Die Kunst besteht darin, beide Forderungen gleichzeitig zu erfüllen.

Genauso wie bei der Verschlüsselung nehmen Diffie und Hellman dieses Problem ernst, formulieren es scharf und stellen wiederum fest, dass eine Lösung mit Trapdoor-Einwegfunktionen gefunden werden kann. Das heißt: Wenn man Trapdoor-Einwegfunktionen hätte, dann könnte man sowohl ohne vorherigen Geheimnistausch verschlüsseln als auch elektronische Signaturen bilden.

Die Arbeit von Diffie und Hellman enthält aber noch einen weiteren Trumpf. In letzter Minute, als die Arbeit eigentlich schon fertig war, kam ihnen noch ein genialer Einfall für einen konkreten Algorithmus.

Es ist die zündende Idee, wie sich zwei Personen ohne fremde Hilfe ein gemeinsames Geheimnis verschaffen können, wenn sie noch keines haben. Man kann die Frage auch so formulieren: Ist es möglich, dass sich zwei Personen, die noch nie etwas miteinander zu tun hatten, öffentlich unterhalten, ein bisschen nachdenken, sich nochmals unterhalten – bis sie am Ende eine gemeinsame Information haben? Und zwar eine geheime Information, bei der kein anderer, der der Unterhaltung zuhört und sie analysiert, eine Chance hat, auf das Geheimnis zu kommen? Dieses Geheimnis könnten sie dann zu einem geheimen Schlüssel machen, mit dessen Hilfe sie vertraulich kommunizieren.

Ein solches Verfahren wäre eine Revolution der Kryptographie, denn es würde das Grundproblem der klassischen Kryptographie, die Übertragung des geheimen Schlüssels, höchst elegant lösen.

Im nächsten Abschnitt wird dieses Verfahren, der nach seinen Erfindern benannte Diffie-Hellman-Schlüsselaustausch, vorgestellt. Anschließend formulieren wir die Grundprinzipien der Public-Key-Kryptographie, und schließlich wird der berühmteste Public-Key-Algorithmus, der RSA-Algorithmus, ausführlich dargestellt.

1. Die Kunst, öffentlich geheime Süppchen zu kochen

Wir illustrieren das zugrunde liegende Modell zunächst mit nichtmathematischen Begriffen. Dazu stellen wir uns vor, dass nicht zwei Mathematiker eine geheime Zahl ermitteln, sondern zwei Köchinnen eine Suppe zubereiten wollen, die nur sie allein genießen können und die niemand anderes nachkochen kann.

Diese gemeinsame Zubereitung einer geheimen Suppe geht wie folgt vor sich. Die beiden Köchinnen A und B benutzen als Ausgangsbasis eine «Ursuppe», die auch allen anderen Topfguckern zur Verfügung steht. Die beiden Köchinnen haben jeweils raffinierte Gewürze, mit denen sie die Suppe veredeln. Die Raffinesse diese Gewürze liegt darin, dass niemand durch Probieren der gewürzten Suppe herausbekommt, welches Gewürz verwendet wurde.

Jede nimmt zu Beginn ein gewisses Quantum Ursuppe, sagen wir einen halben Liter, und fügt jeweils eines ihrer Gewürze hinzu. Also versetzt A ihre Suppe mit ihrem Gewürz a, und B fügt ihrer Suppe ihr Gewürz b hinzu. Nun wird gut umgerührt. Natürlich schmeckt man den jetzt schon deutlich merkbaren Unterschied zur Ursuppe, aber die Gewürze sind so raffiniert, dass kein Mensch herausschmecken kann, welches Gewürz verwendet wurde.

Nun werden die halbfertigen Suppen ausgetauscht: A schickt ihr Produkt zu B und B an A. Dabei kann auch jeder Außenstehende die Suppen begutachten, versuchen und analysieren.

Schließlich versetzt B die von A erhaltene Suppe mit ihrem Gewürz b, und A fügt zu der von B erhaltenen Suppe ihr Gewürz a hinzu. Umrühren. Fertig.

Beide Köchinnen haben nun die gleiche Suppe, nämlich die Ursuppe versetzt mit der richtigen Menge der Gewürze a und b. Ob das Produkt genießbar ist, können die beiden erst am Ende feststellen; denn das Endprodukt ist für keine vorhersehbar, und ob die Gewürze a und b zusammenpassen, ist die Frage.

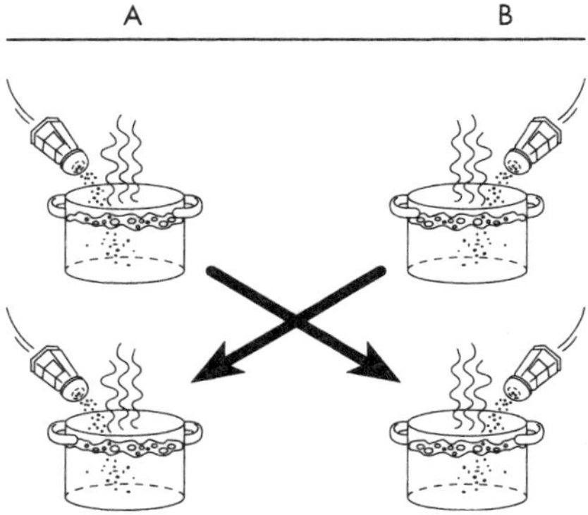

Wichtig für uns ist, dass ein außenstehender Topfgucker keine Chance hat, die Suppe nachzukochen. Denn niemand kann die Gewürze isolieren, und auch durch Zusammenschütten der halbfertigen Produkte würde nicht das Endprodukt entstehen, da die Gewürze dort nur in der halben Konzentration vorhanden wären.

Es stellt sich die Frage, ob man auf entsprechende Weise nicht nur gleiche geheime Suppen, sondern gleiche geheime Zahlen erzeugen kann.

Dazu müssen wir einige grundlegende Eigenschaften von natürlichen Zahlen zusammenstellen; denn wir müssen die Vorgänge des Würzens und Umrührens auf Zahlen übertragen.

2. Natürliche Zahlen – zum Ersten

Die moderne Kryptographie lebt von natürlichen Zahlen und deren Eigenschaften.

Wir betrachten die natürlichen Zahlen, also die Zahlen 0, 1, 2, 3, 4, … Wir brauchen aber nicht alle unendlich vielen natürlichen Zahlen, sondern nur die unterhalb einer festen Größe n, also nur die Zahlen

$$0, 1, 2, 3, \dots, n-1.$$

Zum Beispiel betrachten wir im Fall n = 15 die Zahlen

$$0, 1, 2, 3, 4, 5, 6, 7, 8, 9, 10, 11, 12, 13, 14.$$

Manchmal ist die Grenze auch eine Primzahl p, also eine Zahl, die nur durch 1 und sich selbst ohne Rest teilbar ist. Wenn zum Beispiel $p = 11$ ist, erhalten wir die elf Zahlen

$$0, 1, 2, 3, 4, 5, 6, 7, 8, 9, 10.$$

Mit diesen Zahlen müssen wir auch rechnen, genauer gesagt addieren und multiplizieren. Dann muss es so sein, dass die «Summe» und das «Produkt» zweier solcher Zahlen wieder eine solche Zahl ist.

Wenden wir uns zunächst der *Addition* zu. Manchmal macht das keine Probleme. Wenn wir im Fall $p = 11$ die Summe $5 + 3$ bilden, so rechnen wir «ganz normal» $5 + 3 = 8$; da 8 in unserer Menge vorkommt, gilt auch in unserer neuen Struktur $5 + 3 = 8$.

Wenn wir aber $7 + 5$ ausrechnen wollen, stoßen wir zunächst auf ein Problem. Wenn wir «ganz normal» rechnen, erhalten wir $7 + 5 = 12$, und 12 ist nicht in unserer Menge enthalten.

Jetzt kommt der Trick! *Wir ersetzen dieses Ergebnis durch den Rest, der sich bei Division durch* 11 *ergibt.* Wenn wir 12 durch 11 dividieren, ergibt sich als Rest die Zahl 1. Also schreiben wir $7 + 5 = 1$ … Nein! Das wäre grob missverständlich. Wir schreiben besser:

$$5 + 7 = 1 \pmod{11}$$

(sprich: «5 plus 7 ist 1 modulo 11») oder auch einfacher

$$5 + 7 \bmod 11 = 1$$

(«5 + 7 modulo 11 ist 1»).

Noch ein Beispiel: $9 + 6$ ist 15; bei Division durch 11 erhalten wir den Rest 4; also gilt

$$9 + 6 = 4 \pmod{11}$$

oder einfacher

$$9 + 6 \bmod 11 = 4.$$

Mit der *Multiplikation* geht es ganz entsprechend: Das Produkt $2 \cdot 4 = 8$ bildet kein Problem. Das Produkt $7 \cdot 5$ bestimmen wir, indem wir zunächst «ganz normal» $7 \cdot 5 = 35$ rechnen und dann von 35 so oft 11 abziehen, bis wir eine natürliche Zahl < 11 erhalten; diese ist 2 (denn es gilt $35 = 3 \cdot 11 + 2$). Also schreiben wir

$$7 \cdot 5 = 2 \pmod{11}$$

oder

$$7 \cdot 5 \bmod 11 = 2.$$

Auch das *Potenzieren* ist jetzt kein Problem mehr: 2^6 wird wie folgt berechnet: $2^6 = 64$, der Rest bei Division durch 11 ist 9 (denn $64 = 5 \cdot 11 + 9$), also gilt

$$2^6 = 9 \pmod{11}$$

oder

$$2^6 \bmod 11 = 9.$$

Wundern Sie sich nicht über diese merkwürdigen Rechenregeln! Staunen Sie darüber, dass man so rechnen kann, ohne allzu sehr aufpassen zu müssen: Die üblichen Gesetze der Addition, Subtraktion und Multiplikation gelten weiterhin; wir können in der Regel so rechnen, als ob das «modulo» gar nicht da wäre. Und bei der Division ist es sogar noch besser. Aber das kommt später.

3. Der Diffie-Hellman-Schlüsselaustausch

Nun stellen wir das Verfahren dar, wie zwei Personen öffentlich eine geheime Zahl bestimmen können.

Zunächst müssen sich die beiden Partner auf eine Primzahl p einigen. Ferner wählen sie eine natürliche Zahl s, die größer als 1 und kleiner als p sein soll. Diese beiden Zahlen bilden die «Ursuppe», aus der die geheime Zahl durch zweimalige Verfeinerung entstehen wird. Wie vorher liegt auch hier kein Geheimnis in der Ursuppe, auch jeder Außenstehende darf p und s kennen.

Nun beginnt der zweistufige Verfeinerungsprozess. Die Partner A und B wählen jeweils geheim eine Zahl a bzw. b («das Gewürz») und potenzieren die Zahl s mit a bzw. b, selbstverständlich modulo p. Das heißt: A berechnet die Zahl

$$\alpha = s^a \bmod p,$$

und B berechnet

$$\beta = s^b \bmod p.$$

Dieser Vorgang entspricht dem Würzen der Ursuppe mit a bzw. b.

Jetzt werden die halbfertigen Produkte ausgetauscht: Die Zahl α wird öffentlich an B geschickt, und A erhält die Zahl β. Diese Informationen sind auch jedem außenstehenden Angreifer zugänglich.

Nun sind A und B in der Lage, das Endprodukt herzustellen. Dazu potenzieren sie die jeweils erhaltenen Werte mit ihren geheimen Zahlen. Also berechnet A die Zahl

$$k = \beta^a \bmod p,$$

und B erhält

$$k' = \alpha^b \bmod p.$$

Dieser Vorgang entspricht dem endgültigen Würzen der Zwischenprodukte mit den jeweiligen Geheimgewürzen.

Wir stellen das Ganze nochmals schematisch dar:

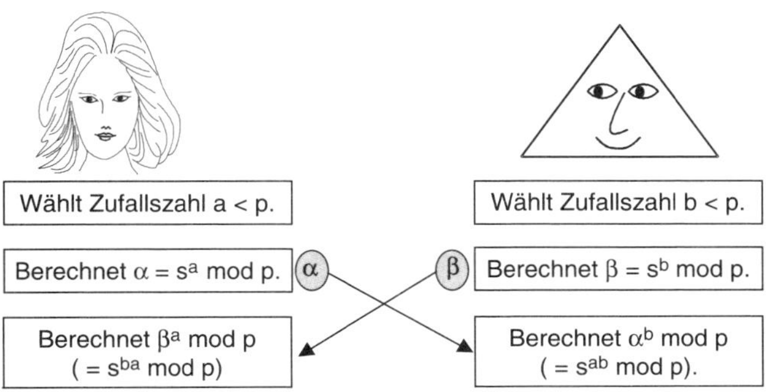

Damit haben A und B eine gemeinsame geheime Zahl berechnet!

Warum? Um die Behauptung nachzuweisen, müssen wir uns von zwei Dingen überzeugen, die mit den Begriffen «gemeinsam» und «geheim» umschrieben werden können:

1. *Der von* A *berechnete Wert stimmt mit dem von* B *erhaltenen Wert überein.*

Dies ist tatsächlich so: Wenn wir die Berechnung der von A erhaltenen Zahl k bis zum Anfang zurückverfolgen, sehen wir

$$k = \beta^a \bmod p = (s^b)^a \bmod p = s^{ba} \bmod p.$$

Entsprechend ergibt sich für die von B berechnete Zahl

$$k' = \alpha^b \bmod p = (s^a)^b \bmod p = s^{ab} \bmod p.$$

Da natürlich $s^{ba} = s^{ab}$ ist, muss auch k = k' sein. Also haben A und B wirklich die gleiche Zahl berechnet.

2. *Der gemeinsame Wert ist auch ein gemeinsames Geheimnis! Mit anderen Worten: Kein Außenstehender kann* k *berechnen.*

Welche Möglichkeiten hat ein Angreifer? Er könnte zum Beispiel versuchen, aus der abgehörten Zahl α auf a (oder aus β auf b) zu schließen. Dann hätte er die gleichen Möglichkeiten wie A (oder B) und könnte mit der geheimen Zahl a (oder b) ebenfalls das Endprodukt herstellen.

Aber das geht nicht. Sagt die Mathematik. Zwar ist es vergleichsweise einfach, die Potenzen s^a mod p und β^a mod p auszurechnen, aber es ist extrem schwierig, die Gleichung

$$\alpha = s^a \bmod p$$

nach a aufzulösen – jedenfalls nach unserem heutigen Wissensstand.

Man könnte natürlich einfach probieren, die Zahl a zu finden, aber die Größenordnung der Zahlen, die in der Praxis eingesetzt werden, verbietet dies: Die Zahlen (also p, s, a, b, α, β) haben zwischen 100 und 200 Dezimalstellen, sind also in normaler Schriftgröße etwa 1 m lang. Um a durch systematisches

Probieren zu finden, müsste man also mindestens 10^{100} Versuche machen – diese Zahl ist um ein Vielfaches größer als die Anzahl der Nanosekunden seit der Entstehung des Universums!

Fazit: 1. Die Funktion $a \rightarrow s^a \bmod p$ (die «diskrete Exponentialfunktion») ist relativ leicht ausführbar, ihre Umkehrung (die «diskrete Logarithmusfunktion») ist – nach heutigem Wissensstand – praktisch unmöglich auszuführen. Man drückt dieses Phänomen auch so aus, dass man sagt, die diskrete Exponentialfunktion sei eine *Einwegfunktion*.

2. Die Sicherheit des Diffie-Hellman-Schlüsselaustauschs beruht entscheidend darauf, dass die diskrete Exponentialfunktion eine Einwegfunktion ist. Aber auch hier muss eine kleine Einschränkung gemacht werden: Es könnte auch noch andere Möglichkeiten eines Angriffs auf den Diffie-Hellman-Schlüsselaustausch geben, also Angriffe, die nicht auf die diskrete Logarithmusfunktion führen – nur hat noch niemand einen solchen Angriff gefunden, wenn es ihn überhaupt gibt.

4. Der Trick mit den Briefkästen

In diesem Abschnitt erklären wir die Idee der Public-Key-Kryptographie, indem wir zunächst ein einfaches außermathematisches Modell betrachten und dann daraus die wesentlichen Eigenschaften eines Public-Key-Verschlüsselungssystems entwickeln.

Unser Modell besteht aus einer großen Menge von Briefkästen. Jeder Briefkasten ist mit einem Namensschild versehen, hat einen Schlitz, durch den man Briefe einwerfen kann, und ein Schloss, das nur der rechtmäßige Eigentümer des Briefkastens mit seinem Schlüssel zu öffnen vermag.

Wir beschreiben, wie man in diesem Modell eine Nachricht dem Empfänger so übermitteln kann, dass nur dieser, und niemand sonst, sie zu lesen imstande ist. Anschließend werden wir dies in ein Verschlüsselungssystem übersetzen.

Wenn irgend jemand Frau G. Heim eine vertrauliche Nachricht zukommen lassen möchte, schreibt er diese auf ein Blatt Papier. Dann

- sucht er den Briefkasten, auf dem der Name der Empfängerin steht, und
- wirft das Blatt in diesen Kasten ein.

Damit ist die Nachricht vor allen verborgen, selbst vor dem Sender, denn niemand außer Frau G. Heim kann den Briefkasten öffnen:

- Die Empfängerin allein besitzt den Schlüssel, der den Briefkasten öffnet. Sie entnimmt das Blatt und kann die Nachricht lesen.

Das ist schon alles. Dieses einfache Modell illustriert alle wesentlichen Eigenschaften eines Public-Key-Verschlüsselungssystems:

- Zum Verschlüsseln (Einwerfen des Briefes) braucht man keine speziellen Vorkenntnisse, das kann jeder. Insbesondere ist es nicht notwendig, dass Sender und Empfänger zuvor irgendetwas miteinander vereinbaren, und schon gar nicht müssen sie ein gemeinsames Geheimnis haben.
- Zum Entschlüsseln (Herausnehmen des Blattes aus dem Briefkasten) braucht man Spezialwerkzeuge oder Spezialkenntnisse (den Schlüssel); diese hat nur der Besitzer des Briefkastens.

Das Paradoxe ist: Jeder kann verschlüsseln, das heißt eine Nachricht geheim machen. Aber nur eine Person kann entschlüsseln, also den Geheimtext wieder lesbar machen.

Wir beschreiben nun ein Public-Key-Verfahren auf einer etwas höheren begrifflichen Ebene; dabei wird auch klar, was *public key* bedeutet.

Die wichtigsten Personen sind nicht diejenigen, die eine Nachricht senden wollen, sondern die Empfänger von Nachrichten. Jeder potentielle Empfänger braucht einen *geheimen Schlüssel*; dieser dient zum Entschlüsseln der empfangenen

Nachricht. Zum Verschlüsseln braucht man auch einen Schlüssel, der zu dem geheimen Schlüssel des Empfängers passt. Der Witz ist, dass dieser *Schlüssel öffentlich* sein kann.

Nochmals: Jeder Teilnehmer an einem Public-Key-Verschlüsselungssystem hat einen geheimen Schlüssel *(private key)* zum Entschlüsseln; dieser wird oft mit D («decryption») bezeichnet. Dazu passend gibt es einen öffentlichen Schlüssel *(private key)* zum Verschlüsseln; dieser wird mit E («encryption») bezeichnet.

Diese beiden Schlüssel hängen über folgende Eigenschaften zusammen:

Verschlüsselungseigenschaft: Wenn man eine Nachricht m mit E verschlüsselt und dann den Geheimtext c mit D entschlüsselt, erhält man wieder m. Kurz:

$$E: m \rightarrow c \text{ und } D: c \rightarrow m.$$

Public-Key-Eigenschaft: Es ist praktisch unmöglich, aus der Kenntnis des öffentlichen Schlüssels eines Teilnehmers auf seinen geheimen zu schließen. Das heißt nichts anderes, als dass die Schlüssel D und E ihre Namen «geheim» und «öffentlich» zu Recht tragen.

Man kann diese beiden Eigenschaften mathematisch kurz wie folgt formulieren: E und D beschreiben Funktionen, und obwohl E eine umkehrbare Funktion ist, kann man ihre Umkehrfunktion (nämlich D) praktisch nicht bestimmen.

Das Briefkastenmodell suggeriert, dass es Public-Key-Verschlüsselungsverfahren geben könnte (und dass es solche im alltäglichen Leben lange vor 1976 gegeben hat). Inwiefern es praktisch einsetzbare Public-Key-Algorithmen gibt, werden wir im übernächsten Abschnitt sehen. Dazu brauchen wir zuvor noch einige Eigenschaften natürlicher Zahlen.

5. Natürliche Zahlen – zum Zweiten

Wir betrachten jetzt natürliche Zahlen n, die das Produkt von zwei verschiedenen Primzahlen sind, also

$$n = pq \text{ mit zwei verschiedenen Primzahlen } p, q.$$

Die Zahlen 15, 55, 851 (= 23 · 37) sind von dieser Art, während 17 (Primzahl), 105 (Produkt von drei Primzahlen), 49 (Produkt einer Primzahl mit sich selbst) nicht dazugehören.

Grundlegend für die moderne Kryptographie ist ein Satz, der auf den großen Schweizer Mathematiker Leonhard Euler (1707–1783) zurückgeht. Wir formulieren ihn nur für Zahlen des Typs n = pq.

Für jede natürliche Zahl m mit m < n *und jede natürliche Zahl* s *gilt*

$$m^{s(p-1)(q-1)+1} \bmod n = m.$$

Das ist fast ein Zaubertrick: Wenn man eine beliebige Zahl m mit der riesigen Zahl s(p–1)(q–1) + 1 potenziert (also eine riesige Potenz berechnet), dann diese Potenz durch n dividiert, so erhält man als Rest wieder die Ausgangszahl m.

Wenn wir zum Beispiel n = 10 und s = 1 wählen, dann ist s(p–1)(q–1) + 1 = 5. In diesem Fall sagt die Formel Folgendes: Wenn man irgendeine natürliche Zahl, die kleiner als 10 ist, mit 5 potenziert, dann ist der Rest bei Division durch 10 wieder die Ausgangszahl.

Der Zaubertrick könnte etwa so lauten: Denk dir irgendeine einstellige Zahl und multipliziere diese mit sich selbst. Wenn das Ergebnis zweistellig ist, betrachte nur die Einerziffer. Multipliziere sie wieder mit der von dir gedachten Zahl und merk dir nur die Einerziffer. Und noch zweimal die gleiche Prozedur. Abrakadabra, Simsalabim! Das Ergebnis ist die von dir gedachte Zahl!

In unserer Formulierung des Euler'schen Satzes kann man schon fast ein Verschlüsselungsschema ahnen: Man macht mit der Nachricht m etwas Kompliziertes, und es ergibt sich wieder m. Wir müssen jetzt nur noch dieses Komplizierte in eine Ver- und eine Entschlüsselung aufteilen.

Und das geht so: Wir wählen irgendeine natürliche Zahl e, die die Eigenschaft haben muss, dass sie mit $(p-1)(q-1)$ den größten gemeinsamen Teiler 1 hat (man sagt dazu auch, dass e und $(p-1)(q-1)$ «teilerfremd» sind).

Wenn zum Beispiel $p = 23$ und $q = 37$ ist, so ist

$$(p-1)(q-1) = 22 \cdot 36 = 792,$$

und für e könnte man die folgenden Zahlen wählen: 5, 7, 13, 17, 19, 23, 25, 29, 31, 35, …

Das zweite (und letzte) fundamentale mathematische Ergebnis für uns ist das folgende:

Für jede natürliche Zahl n, *die teilerfremd zu* $(p-1)(q-1)$ *ist, kann man leicht eine natürliche Zahl* d *finden, so dass*

$$e \cdot d = s(p-1)(q-1) + 1$$

gilt (wobei s eine natürliche Zahl ist, die sich bei der Berechnung von d automatisch ergibt).

In unserem Beispiel ergibt sich für $e = 5$ die Zahl $d = 317$, denn in der Tat gilt

$$e \cdot d = 5 \cdot 317 = 1585,$$

und diese Zahl kann man auch schreiben als $2 \cdot 792 + 1$. In diesem Fall ist $s = 2$.

Die Methode, mit der man d berechnet, wird *euklidischer Algorithmus* genannt (nach dem griechischen Mathematiker Euklid, um 300 v. Chr.). Entscheidend ist, dass man d *nur dann einfach berechnen kann, wenn man die Faktoren* p *und* q *von* n *kennt.*

Kurz: Wenn man die Zahl $n = pq$ in ihre Primfaktoren zerlegen kann, dann findet man leicht Zahlen e und d mit

$$e \cdot d = s(p-1)(q-1) + 1.$$

Es bleibt die Frage: Wie leicht kann man eine gegebene natürliche Zahl n faktorisieren, das heißt in ihre Primfaktoren zerlegen?

Carl Friedrich Gauß, der «Fürst der Mathematik», hatte bereits 1801 geschrieben: «Dass die Aufgabe, die Primzahlen von den zusammengesetzten zu unterscheiden und letztere in ihre Primfactoren zu zerlegen, zu den wichtigsten und nützlichsten der gesamten Arithmetik gehört und die Bemühungen und den Scharfsinn der alten wie der neueren Geometer in Anspruch genommen hat, ist so bekannt, dass es überflüssig wäre, hierüber viele Worte zu verlieren.» Dennoch blieb das Thema «Faktorisierung großer Zahlen» bis zur Veröffentlichung des RSA-Algorithmus ein Randthema.

Schon vier Monate nach seiner wissenschaftlichen Veröffentlichung wurde der RSA-Algorithmus im August 1977 durch einen Artikel in der Zeitschrift «Scientific American» popularisiert. Dort wurde auch die folgende 129-stellige Zahl angegeben:

114.381.625.757.888.867.669.235.779.976.146.612.010. 218.296.721.242.362.562.561.842.935.706.935.245.733.897. 830.597.123.563.958.705.058.989.075.147.599.290.026.879. 543.541.

Ron Rivest, einer der Erfinder des RSA glaubte, dass man für die Faktorisierung solcher Zahlen «40 Billiarden Jahre» brauche. Es dauerte allerdings nur siebzehn Jahre, bis man im Jahre 1984 die Faktoren 3.490.529.510.847.650.949.147.849.619. 903.898.133.417.764.638.493.387.843.990.820.577 und 32. 769.132.993.266.709.549.961.988.190.834.461.413.177.642. 967.992.942.539.798.288.533 dieser Zahl fand. Der heutige Weltrekord ist die Faktorisierung einer Zahl mit 250 Dezimalstellen (795 Bits). (Bei den Faktorisierungsweltrekorden betrachtet man nur Zahlen, die schwer zu faktorisieren sind, das bedeutet, dass sie das Produkt von zwei Primzahlen ungefähr der gleichen Stellenzahl sind. Denn eine Zahl wie etwa 10^{1000} kann jeder im Kopf in ihre Primfaktoren zerlegen.)

Alle Faktorisierungsweltrekorde der letzten Jahrzehnte basieren auf drei Prinzipien: internationaler Zusammenarbeit von Forscherteams, Anwendung modernster mathematischer Methoden und enormer Rechenpower.

Für kryptographische Anwendungen, die darauf beruhen, dass eine Zahl n real nicht faktorisierbar ist, werden schon lange nicht mehr nur 1024 Bit, sondern 2048 Bit empfohlen.

Eine wirkliche Gefahr droht durch Quantencomputer. Was diese Maschinen wirklich können, ist noch nicht klar, aber sicher ist, dass sie besonders gut Zahlen faktorisieren können. Noch sind die real existierenden Quantencomputer nicht in der Lage, Zahlen in einer Größenordnung von 100 Stellen zu faktorisieren, aber die Entwicklung ist rasant.

6. Der RSA-Algorithmus

1977 nahmen Ronald Rivest, Adi Shamir und Leonard Adleman, die drei Personen, die den spektakulärsten Einzelbeitrag zur Public-Key-Kryptographie leisten sollten, die Herausforderung an und produzierten ein allen Erwartungen genügendes Public-Key-Kryptosystem. Der Prozess dauerte mehrere Monate, während derer Rivest Vorschläge machte, Adleman sie attackierte und Shamir seiner Erinnerung nach zu beidem beigetragen hat. Im Mai 1977 wurden ihre Bemühungen von Erfolg gekrönt. Sie hatten entdeckt, wie ein einfaches Stück klassischer Zahlentheorie benutzt werden konnte, um das Problem zu lösen. [Dif]

Wenn man weiß, wie's geht, ist es einfach.

Man nehme für jeden Teilnehmer zwei verschiedene große Primzahlen p und q, bilde das Produkt $n = pq$ und bestimme zwei natürliche Zahlen e und d, so dass $e \cdot d = s(p-1)(q-1) + 1$ gilt.

Dem Teilnehmer wird d als sein *geheimer Schlüssel* zugeordnet; e und n bilden den dazugehörigen *öffentlichen Schlüssel.*

Wir stellen uns wieder vor, dass jemand einer Teilnehmerin, Frau G. Heim, eine Nachricht verschlüsselt schicken möchte. Dazu muss er zunächst die Nachricht in eine natürliche Zahl m kleiner als n übersetzen. (Dies ist kein prinzipielles Problem. In der Regel liegt die Nachricht sowieso als Folge von Bits vor;

diese kann man als Zahl interpretieren. Häufig wird die Nachricht so lang sein, dass man sie durch eine Folge von natürlichen Zahlen kleiner n darstellen muss.)

Nun kann der Verschlüsselungsvorgang beginnen. Man erhält den Geheimtext c, indem man m mit dem öffentlichen Schlüssel e der Empfängerin potenziert und modulo n reduziert; das heißt:

$$c = m^e \bmod n.$$

Diese Nachricht kann nun öffentlich an Frau Heim geschickt werden. Diese entschlüsselt den Geheimtext c, indem sie ihn mit ihrem geheimen Schlüssel potenziert und modulo n reduziert. Sie erhält also die Zahl

$$m' = c^d \bmod n.$$

Das ist alles. Das ist der RSA-Algorithmus, der erste, der berühmteste und der bis heute wichtigste Public-Key-Verschlüsselungsalgorithmus. Um uns davon zu überzeugen, müssen wir die beiden definierenden Eigenschaften nachweisen.

Verschlüsselungseigenschaft: Dazu müssen wir nachweisen, dass Frau Heim korrekt entschlüsselt: Die Zahl m', die Frau Heim berechnet, muss gleich dem ursprünglichen Klartext m sein. Um dies einzusehen, müssen wir einfach einsetzen:

$$m' = c^d \bmod n = (m^e)^d \bmod n = m^{ed} \bmod n.$$

Nach der Wahl von e und d folgt mit dem Euler'schen Satz

$$m^{ed} \bmod n = m;$$

somit ist m' = m.

Public-Key-Eigenschaft: Kein Angreifer, der nur den öffentlichen Schlüssel, also die Zahlen e und n, kennt, darf daraus den geheimen Schlüssel d berechnen können.

Wenn ein Angreifer in der Lage ist, die Zahl n in ihre Primfaktoren zu zerlegen, befindet er sich in der gleichen Lage wie die Stelle, welche die Schlüssel erzeugt. Er kann genauso einfach wie diese den geheimen Schlüssel d berechnen. (Wenn man p und q kennt, kann man jede der Zahlen e und d aus der anderen berechnen.)

Daher müssen die Zahlen p und q so gewählt werden, dass niemand das Produkt n = pq faktorisieren kann. Insbesondere muss n eine große Zahl sein. Kein Mensch kann heute eine RSA-Zahl n, die eine Länge von 1024 Bits (etwa 310 Dezimalstellen) hat, faktorisieren. Um vor Überraschungen sicher zu sein, wird häufig empfohlen, n zumindest als 2048-Bit-Zahl zu wählen.

Wir haben gesehen: Jeder, der faktorisieren kann, kann den RSA-Algorithmus brechen. Mit anderen Worten: Die Sicherheit des RSA-Algorithmus ist *höchstens so groß* wie die Schwierigkeit, große Zahlen zu faktorisieren.

Man sagt auch, die Faktorisierung von n ist eine *trapdoor*. Eine trapdoor («Geheimtür») ist eine geheime Möglichkeit, mit der man die Verschlüsselung doch rückgängig machen kann. Auch die Zahl (p–1)(q–1) ist eine trapdoor. Und natürlich ist der geheime Schlüssel selbst eine trapdoor. Aber das sind keine «wesentlich neuen» trapdoors, sie sind gleichwertig zur Faktorisierung.

Niemand kennt eine wesentlich andere trapdoor. Das heißt: Niemand hat einen Weg gefunden, den RSA-Algorithmus zu brechen, ohne de facto die Zahl n zu faktorisieren. Daher liegt die Vermutung nahe, dass die Sicherheit des RSA-Algorithmus *genauso groß* ist wie die Schwierigkeit, große Zahlen zu faktorisieren.

Aber: Keiner weiß es. Es ist durchaus denkbar, dass es einen «einfachen» Weg gibt, den RSA-Algorithmus zu knacken.

7. Digitale Signaturen

Public-Key-Kryptographie hat noch eine zweite Eigenschaft, die nicht weniger erstaunlich als die Public-Key-Verschlüsselung ist, nämlich die Fähigkeit, digitale Signaturen zu bilden.

Wir rufen uns die Anforderungen, die ein Signaturverfahren haben muss, in Erinnerung: Jeder Teilnehmer A muss in der Lage sein, ein elektronisches Dokument so zu gestalten, dass

– für jeden nachvollziehbar ist, dass A dies gemacht hat, und
– niemand das Dokument fälschen kann.

Also darf nur A die Signatur berechnen können, aber jeder muss diese verifizieren können. Daraus ergibt sich bereits zwangsläufig, dass A eine spezielle Information besitzen muss, die nur ihm zugänglich ist; mit anderen Worten: A muss ein Geheimnis haben und das Dokument mit Hilfe dieser Nachricht gestalten.

Wenn man diesen Gedanken weiterspinnt, ist es nicht mehr allzu schwer, die RSA-Idee zu einem Signaturverfahren auszubauen.

Die Schlüsselverteilung (e und n als öffentlicher und d als geheimer Schlüssel) ist genauso wie beim Verschlüsselungsverfahren.

Das Dokument, das signiert werden soll, ist wiederum als eine Zahl m kleiner als n dargestellt.

Um m zu *signieren*, wendet A seinen privaten Schlüssel an; er berechnet

$$s = m^d \bmod n.$$

Man nennt s die *digitale Signatur* (oder *elektronische Unterschrift*) der Nachricht m. Das *unterschriebene Dokument* besteht aus m zusammen mit der Signatur s.

Das Dokument kann von jedem *verifiziert* werden. Man wendet den öffentlichen Schlüssel von A auf die Signatur s an, man berechnet also

$$m' = s^e \bmod n$$

und überprüft, ob m' = m ist. Wegen $m^{de} \bmod n = m$ ist Folgendes richtig: Wenn m' verschieden von m ist, muss jemand betrogen (oder sich verrechnet) haben; in diesem Fall wird das Dokument nicht anerkannt. Falls aber m' = m ist, wird das Dokument akzeptiert.

8. Hashfunktionen oder Small is beautiful

Das eben erläuterte RSA-Signaturverfahren ist genauso erstaunlich wie das RSA-Verschlüsselungsverfahren. Aber dieses «naive» Signaturschema hat doch zwei für die Praxis empfindliche Nachteile. Häufig möchte man lange Nachrichten signieren; dabei kann es sich um lange Texte oder um ganze Programme, Bilder, Videos usw. handeln. Dann wird nicht nur eine Zahl m signiert, sondern die Nachricht wird in eine Folge von vielen Zahlen aufgeteilt, und jede einzelne muss signiert werden. Dieses Verfahren hat zwei Nachteile:

- Die digitale Signatur ist genauso lang wie die eigentliche Nachricht. Also wird die Nachrichtenlänge verdoppelt, und man braucht doppelt so viel Übertragungszeit und Speicherplatz.
- Alle heute bekannten Signaturverfahren, insbesondere der RSA-Algorithmus, sind langsam. Das liegt daran, dass die Algorithmen mit sehr großen natürlichen Zahlen exakt rechnen müssen. Daher bräuchte man viel Zeit, um eine lange Nachricht zu signieren oder die Signatur zu verifizieren. Zu viel Zeit für praktische Anwendungen.

Zur Lösung beider Probleme bieten sich «Hashfunktionen» an. Wir nennen eine Funktion eine *(kryptographische) Hashfunktion*, wenn sie die folgenden Eigenschaften hat:

- *Kompressionseigenschaft:* Nachrichten beliebiger Länge werden auf Nachrichten einer festen kurzen Länge, den sogenannten *Hashwert*, komprimiert. Typische Längen für Hashwerte sind 160 oder 256 Bits.
- *Einwegeigenschaft:* Es ist praktisch unmöglich, zu einem gegebenen Hashwert eine zugehörige Nachricht zu finden.
- *Kollisionsfreiheit:* Es ist praktisch unmöglich, zwei verschiedene Nachrichten mit dem gleichen Hashwert zu finden.

Wir werden im Folgenden sehen, weshalb auch die Einwegeigenschaft und die Kollisionsfreiheit wichtig sind.

Zunächst beschreiben wir aber ein realistisches Signaturverfahren. Dazu benötigen wir eine (nicht geheime) Hashfunktion h.

Zur Unterschrift wird zunächst die (eventuell sehr lange) Nachricht M gehasht, das heißt h(M) gebildet. (Das ist ein Vorgang, der sehr schnell ausgeführt werden kann.)

Dann wird der Hashwert m = h(M) als «Zwischennachricht» betrachtet und nur diese signiert:

$$s = m^d \bmod n.$$

Das unterschriebene Dokument besteht aus der Nachricht M und der Signatur s.

Zur Verifikation berechnet man zunächst h(M) und überprüft dann, ob diese Zahl mit

$$m' = s^e \bmod n$$

übereinstimmt.

Wir überlegen uns nun der Reihe nach den Einfluss der drei Forderungen an eine Hashfunktion auf das Signaturverfahren.

- Da m = h(M) eine Zahl kleiner als n ist, wird zu der langen Nachricht M nur die kleine Signatur s hinzugefügt. Es gibt also nur eine sehr geringe Nachrichtenexpansion. Ferner muss auch nur eine Signatur berechnet werden.
- Wenn die Funktion h nicht die Einwegeigenschaft hätte, könnte ein Angreifer eine Nachricht m generieren, die eine von ihm gewählte Zahl s als Signatur hat. Falls m im System eine Bedeutung hat, hat er dann eine Nachricht mit gültiger Signatur erzeugt.

  Dazu berechnet er zunächst die Zahl $t = s^e \bmod n$; dies kann er immer machen. Unter unserer Annahme findet er jetzt aber auch eine Nachricht M mit h(M) = t. Dann ist s eine Signatur von M, denn es ist

$$h(M)^d \bmod n = t^d \bmod n = s^{ed} \bmod n = s.$$

– Wenn die Funktion h nicht kollisionsfrei wäre, könnte ein Angreifer zu einem gültigen Dokument aus Nachricht M und Signatur s leicht eine andere Nachricht M' mit h(M') = h(M) finden – und hätte automatisch eine elektronische Unterschrift von M'. Denn die Unterschrift s von M ist ja gleich der Signatur von h(M); da h(M') = h(M) ist, ist also auch (M', s) ein gültig unterschriebenes Dokument.

9. PGP oder Anarchie ist machbar

PGP («Pretty Good Privacy») war in den 1990er Jahren das mit Abstand bekannteste Kryptographieprogramm, und das, obwohl es von einem einzigen Menschen konzipiert, entwickelt und realisiert wurde: Phil Zimmermann.

PGP war ein vollkommen neuartiges und damals konkurrenzloses Produkt, obwohl bei PGP nur bekannte Mechanismen zusammengesetzt wurden.

PGP wurde weltweit von Millionen von Menschen benutzt, obwohl von kommerzieller und vor allem staatlicher Seite alle Mittel eingesetzt wurden, um PGP zu verhindern.

PGP hat eine zweiteilige Grundphilosophie: PGP stellt dem Benutzer die denkbar besten Verfahren zur Verfügung, aber macht ihm so wenig Vorschriften wie möglich: Wenn es für den einzelnen Benutzer etwas zu entscheiden gibt, dann soll auch der jeweilige Benutzer diese Entscheidung treffen.

Die Idee ist einfach. Man nehme erstens ein symmetrisches Verschlüsselungsverfahren, bei dem alles und alle Experten dafürsprechen, dass es gut ist. Die Entscheidung fiel auf den Algorithmus IDEA, eine Entwicklung von Prof. Jim Massey von der ETH Zürich und seinem Schüler Xuejia Lai. Wie der DES verschlüsselt IDEA jeweils Blöcke von 64 Bits, aber im Gegensatz zu DES besteht jeder Schlüssel aus 128 Bits.

Man nehme zweitens zur Übertragung des IDEA-Schlüssels ein Public-Key-Verschlüsselungsverfahren; hier fiel die Wahl auf den RSA.

Die Grundidee ist also die folgende: Zur Übertragung eines

geheimen, symmetrischen Schlüssels benutzt man ein Public-Key-Verschlüsselungsverfahren und zur Datenverschlüsselung einen schnellen symmetrischen Algorithmus. Man spricht dann auch von einem *hybriden System.*

Der Pfiff von PGP besteht in der Zertifizierung der öffentlichen Schlüssel.

Das Problem können wir am besten erkennen, wenn wir uns das Briefkastenmodell in Erinnerung rufen. Wenn ich – aus welchen Gründen auch immer – die Briefe, die an Frau Heim geschickt werden, selber lesen möchte, bringe ich an meinem Briefkasten (also an dem, zu dem ich den Schlüssel besitze) nicht *mein* Namensschild an, sondern ein Schild, auf dem «G. Heim» steht.

Sie sehen schon: Die Briefe für Frau Heim werden in meinen Briefkasten geworfen, und nur ich kann sie lesen!

Was ist hier passiert? Name und Briefkasten gehören zusammen und wurden künstlich auseinandergerissen. Diese Möglichkeit hat ein Angreifer nicht nur im Briefkastenmodell – in der Wirklichkeit der Zahlen und Bits geht das genauso gut: Wenn es einem Angreifer gelingt, anstelle meines öffentlichen Schlüssels seinen öffentlichen Schlüssel unter meinem Namen in das öffentliche Verzeichnis aller Schlüssel zu schreiben, dann werden alle Nachrichten, die an mich adressiert sind, mit seinem öffentlichen Schlüssel entschlüsselt, und ich stehe vor einem Rätsel.

Man spricht von der *Authentizität des öffentlichen Schlüssels*, wenn gewährleistet ist, dass man unter dem Namen eines Teilnehmers auch wirklich dessen öffentlichen Schlüssel und keinen anderen findet. Wenn mein öffentlicher Schlüssel nicht authentisch ist, dann muss ich beim Verschlüsselungsverfahren damit rechnen, dass an mich adressierte Nachrichten von jemand anderem gelesen werden. Bei einem Signaturverfahren können von mir (mit meinem geheimen Schlüssel) erstellte Signaturen nicht verifiziert werden.

Was kann man dagegen machen? Man muss garantieren, dass jeder öffentliche Schlüssel wirklich zu dem Namen gehört, unter dem er eingetragen ist. Wie kann man sich diesen Zusammenhang bestätigen lassen?

Stellen wir uns wieder vor, ich will Frau G. Heim eine verschlüsselte Nachricht zukommen lassen. Am einfachsten ist es, wenn sie mir zuvor ihren öffentlichen Schlüssel persönlich übergibt. Wenn ich Frau Heim an der Stimme erkenne, kann sie mir ihren öffentlichen Schlüssel auch über Telefon durchgeben. Diese unmittelbare Authentifizierung wird durch PGP durch den Mechanismus «Fingerprint» unterstützt. Der «Fingerprint» ist ein Hashwert des öffentlichen Schlüssels, der aus genau 16 Byte besteht. Wenn ich per E-Mail einen öffentlichen Schlüssel (mit Fingerprint) erhalte, der angeblich von Frau Heim stammt, so muss ich überprüfen, ob das richtig ist. Ich rufe sie an und bitte sie, mir ihren Fingerprint zu sagen. Wenn der mündlich übermittelte und der über das Internet verschickte Fingerprint identisch sind, dann bin ich von der Authentizität ihres öffentlichen Schlüssels überzeugt. Wichtig ist hierbei, dass zum Vergleich des Fingerprints ein anderes Medium verwendet wird als das, mit dem der Schlüssel übermittelt wurde. Denn wenn ein Angreifer die E-Mail so beherrscht, dass er den Schlüssel unbemerkt austauschen kann, so kann er wahrscheinlich auch den entsprechenden Fingerprint ersetzen.

Die Fingerprint-Methode ist aber für den Normalbetrieb viel zu aufwendig. Deshalb wurde die Methode der Zertifikate erfunden. Die Idee ist einfach: Ich vertraue dem öffentlichen Schlüssel von B, falls mir eine Person oder eine Instanz meines Vertrauens sagt, dass dieser Schlüssel gut ist. So wird ein «Netz des Vertrauens» aufgebaut.

Die Zusammengehörigkeit von Name und Schlüssel wird durch ein *Zertifikat* bewiesen. Bildlich gesprochen ist das Zertifikat ein Stempel, der Name und öffentlichen Schlüssel untrennbar miteinander verbindet. Technisch gesehen ist ein solches Zertifikat nichts anderes als eine elektronische Unterschrift der vertrauenswürdigen Instanz unter den Namen und den öffentlichen Schlüssel.

Das bedeutet konkret: Neben meinem Namen und meinem öffentlichen Schlüssel ist in dem öffentlichen Register noch das

Zertifikat sig, das von meinem Namen und meinem öffentlichen Schlüssel abhängt, gespeichert. Diese Signatur wird dabei von einer Instanz erstellt, der ich vertraue.

Bevor ich eine verschlüsselte Nachricht an jemanden sende, werde ich das Zertifikat des Empfängers verifizieren, also die Signatur unter dem Namen und dem öffentlichen Schlüssel überprüfen. Dazu brauche ich den öffentlichen Schlüssel derjenigen Instanz, die das Zertifikat erstellt hat.

Problem? Ja, wie gehabt. Woher weiß ich, dass dieser öffentliche Schlüssel wirklich zu meiner Vertrauensperson gehört?

Ich weiß es nicht. Es sei denn, auch dieser öffentliche Schlüssel ist durch ein Zertifikat geschützt. Dies muss durch eine Instanz geschehen, der meine Vertrauensinstanz vertraut.

Und so weiter.

So lange, bis einmal eine Instanz auftaucht, der auch die Empfängerin meiner Nachricht vertraut.

Wie lange dauert dies?

Darauf gibt es zwei Antworten: Hierarchie und Anarchie.

Beim hierarchischen Ansatz wird die Verantwortung vom Benutzer auf eine oder wenige Vertrauensinstanzen übertragen. Diese Instanzen sind dann natürlich besonders interessante Angriffsziele und müssen entsprechend gesichert sein. Diesen Weg schreibt das deutsche Signaturgesetz vor. Wer immer sich heute im öffentlichen Bereich mittels einer Signatur ausweisen möchte (zum Beispiel bei der elektronischen Steuererklärung), der muss sich an die Vorgaben dieses Gesetzes halten. Man spricht auch von einer «Public-Key-Infrastruktur».

Demgegenüber hat sich PGP für Anarchie entschieden – und damit dafür, das wirkliche Leben zu modellieren. Die Verantwortung ist gleichmäßig verteilt. Es gibt keine herausragenden Angriffsziele, jeder Benutzer ist gleich interessant. Dies erfordert aber eine große Disziplin von allen Benutzern. Allerdings wird der Benutzer durch PGP etwas entlastet. Man kann nämlich dem Programm PGP mitteilen, wem man wie stark vertraut.

Ein typisches Szenario ist das folgende: Es gibt drei Stufen des Vertrauens: volles, teilweises und kein Vertrauen.

Wenn ich einen öffentlichen Schlüssel empfange, der von jemandem zertifiziert wurde, dem ich voll vertraue, dann halte ich den Schlüssel für authentisch. Ebenso wenn er von zwei Menschen, denen ich teilweise vertraue, zertifiziert wurde. In allen anderen Fällen weiß ich, dass der Schlüssel nicht authentisch ist. Ich kann ihn trotzdem benutzen – aber PGP hat mich gewarnt.

Wir fassen das Modell der Zertifizierung der öffentlichen Schlüssel zusammen. Die Grundregel heißt: Wer immer einen öffentlichen Schlüssel benutzt, muss vorab dessen Authentizität überprüfen. Beim Verschlüsseln heißt dies, dass der Sender den öffentlichen Schlüssel des Empfängers überprüfen muss. Nur bei einer erfolgreichen Prüfung ist man sicher, dass die Nachricht wirklich vom angegebenen Empfänger und nicht von jemand anderem entschlüsselt werden kann. Bei der Signatur muss entsprechend der Verifizierer die Authentizität des öffentlichen Schlüssels des Signaturerstellers verifizieren.

V. Zero-Knowledge oder Ich weiß etwas, was du nicht weißt

Können Sie mich davon überzeugen, ein bestimmtes Geheimnis zu haben, ohne es mir preiszugeben, ja, ohne mir dabei das Geringste zu verraten?

Völlig unglaublich, paradox und zumindest absolut unwahrscheinlich! Und außerdem: Was soll's? Ein Geheimnis, von dessen Existenz ich mich überzeugen kann, das ich aber nicht zu Gesicht bekomme, kann vielleicht akademisches Interesse beanspruchen, ist aber für die Praxis vollkommen irrelevant!

Das in der Eingangsfrage enthaltene Rätsel ist das Thema dieses Kapitels. Wir lassen es vorerst ungelöst – aber der Ansicht, dass solche Verfahren (die sogenannten Zero-Knowledge-Protokolle) zu nichts nütze seien, müssen wir sofort widersprechen.

1. Der Wert eines Geheimnisses

Im Alltag sprechen wir, ohne viel darüber nachzudenken, vom «Geheimnis eines guten Vortrags», ein Buch verspricht uns, die «Geheimnisse der Kochkunst» zu offenbaren, und ein Film zeigt uns die «Geheimnisse der Liebe».

Dabei handelt es sich um Kenntnisse oder Fähigkeiten, die in dem Sinne geheim sind, dass sie nicht allen Menschen zur Verfügung stehen. Sie verlieren aber ihre Kraft nicht, wenn sie öffentlich bekannt werden; viele Publikationen werben ja gerade damit, dass sie uns Geheimnisse verraten, auf dass wir sie benutzen können: Vom Geheimnis einer zarten Haut über das Geheimnis des Erfolgs bis zum Geheimnis ewiger Jugend wird uns alles angeboten.

Natürlich sind die Geheimnisse, um die es uns hier geht, viel prosaischer: Es sind Zahlen oder Bits. Sie haben aber Wesentliches mit den vorher genannten Geheimnissen gemein.

Ein Geheimnis ist eine wertvolle Information, ein Sesam-öffne-dich, das jedem, der es besitzt, vorher verschlossene Bereiche erschließt. Mit dem kleinen Unterschied, dass diese Aussage für kryptographische Geheimnisse wirklich gilt: Wer mein Passwort kennt, kann mit meinem Rechner alles machen, wozu ich berechtigt bin, wer meine Karte mit Geheimzahl hat, kann mein Konto plündern – während die Druckerzeugnisse, die angeblich das Geheimnis des Erfolgs offenbaren, häufig nur dem Autor und dem Verlag Erfolg bringen.

Wir verwenden den Begriff «Geheimnis» in einem sehr präzisen Sinne: Ein *Geheimnis* ist eine Information, die einer oder mehreren Personen (oder einem technischen Gerät) zugeordnet ist, und zwar in dem Sinne, dass dieses Geheimnis diese Person (bzw. die Gruppe oder das Gerät) repräsentiert: Jeder, der dieses Geheimnis kennt, kann die Identität dieser Person annehmen.

Umgekehrt: *Ich überzeuge jemanden von meiner Identität, indem ich nachweise, ein bestimmtes Geheimnis zu besitzen.*

Achtung: Wir haben bewusst formuliert, dass es darum geht, die Existenz eines bestimmten Geheimnisses *nachzuweisen*, nicht das Geheimnis zu *offenbaren*. Denn das wäre gefährlich: Wenn ich mein Geheimnis jemandem preisgebe, kann dieser das Geheimnis missbrauchen und meine Rolle spielen.

Das ist wirklich eine Gefahr! Denn viele heute in der Praxis eingesetzte Systeme arbeiten so, dass der Anwender sein Geheimnis übergeben muss, um seine Identität beweisen zu können.

Das bekannteste Beispiel hierfür ist das System der Geldausgabeautomaten. Die Geheimzahl (PIN) ist mein Geheimnis. Der Automat überzeugt sich von meiner Identität, indem er meine PIN wissen will und dann vergleicht, ob diese zu BLZ, Kontonummer und Verfallsdatum passt. Dabei lernt nicht nur der Automat meine PIN kennen, sondern auch jeder, der diese beim Eintippen zufällig oder absichtlich ausspäht.

Das Prinzip des GAA-Systems und jedes Passwortsystems beruht darauf, dass beide Seiten das Geheimnis kennen bzw. kennenlernen.

Solche Geheimnisse sind keine guten Geheimnisse. Verteilte Geheimnisse sind nie gute Geheimnisse. Ein gutes Geheimnis ist nur einer Person bekannt, und es wird nie mit einer anderen Person ausgetauscht.

Nun wollen wir nicht über die schlechte Realität klagen, sondern unseren Blick nach vorne richten: Was wäre das Ideal?

Ideal wäre folgende Prozedur: Sie kennen ein Geheimnis, mit dessen Hilfe Sie identifiziert werden können. In dem Verfahren, mit dem Sie mir nachweisen, ein bestimmtes Geheimnis zu kennen, müssen Sie nicht nur Ihr Geheimnis nicht preisgeben, sondern Sie verraten überhaupt nichts. Garantiert.

Ich stelle mir das so vor: Um mich von Ihrem Geheimnis zu überzeugen, unterhalten wir uns ein bisschen, wir stellen einander Fragen und geben Antworten; das kann kürzer oder länger dauern, aber irgendwann sage ich: Ja, ich glaube Ihnen. Das Interessante dabei ist, dass ich wirklich überzeugt bin und dass Sie sicher sind, dass ich durch unser Gespräch keine Information erhalten habe und auch alle anderen Zuhörer und Zuschauer nicht.

Eine solche Unterhaltung nennt man ein *Zero-Knowledge-Protokoll*. Die Frage nach der Existenz eines Zero-Knowledge-Protokolls ist nichts anderes als unsere Eingangsfrage: Können Sie mich davon überzeugen, ein bestimmtes Geheimnis zu haben, ohne es mir preiszugeben, ja, ohne mir dabei das Geringste zu verraten?

Nach diesen Überlegungen stellt sich die Frage nun wirklich dringend: Gibt es Zero-Knowledge-Protokolle?

Die Antwort ist Ja, und ich werde versuchen, Sie im nächsten Abschnitt davon zu überzeugen, dass es so etwas geben könnte. Dann werden wir in einem Spiel ein Zero-Knowledge-Protokoll kennenlernen, und schließlich stelle ich Ihnen noch das für die Praxis wichtigste Zero-Knowledge-Protokoll vor, das Fiat-Shamir-Protokoll.

2. Das Geheimnis des Tartaglia

Eines der größten Probleme der Mathematik, das sich durch die gesamte Geschichte der Mathematik hindurchzieht, ist das der Lösung von Gleichungen. Wir greifen ein historisches Beispiel heraus. Es spielt im Italien des 16. Jahrhunderts.

Seit langem waren Lösungsformeln für Gleichungen ersten Grades (lineare Gleichungen, etwa $3x - 5 = 7$) und für Gleichungen zweiten Grades («quadratische Gleichungen», etwa $x^2 - x - 1 = 0$) bekannt. Für die quadratischen Gleichungen gibt es die «p,q-Formel», die auch heute noch den Schülerinnen und Schülern eingetrichtert wird.

Gleichungen dritten Grades («kubische Gleichungen», zum Beispiel $x^3 - 3x + 1 = 0$) sind wesentlich schwieriger zu lösen. Im Jahre 1535 behauptete der venezianische Rechenmeister Niccolò Tartaglia (1499/1500–1557), er kenne eine Lösungsformel. Diese wollte er aber geheim halten. Die Formel war sein Geheimnis.

Aber obwohl er seine Formel nicht verriet, konnte er andere davon überzeugen, eine Lösungsformel zu kennen. Der Mathematiker A. M. Fior, der die Formel vom Erstentdecker Scipione del Ferro (1456–1526) hatte, konnte Tartaglia einfach damit herausfordern, dass er ihm eine kubische Gleichung gab und ihn bat, die zugehörigen Lösungen zu berechnen. Es gelang Tartaglia tatsächlich, die Lösungen dieser Gleichungen anzugeben. Zum Beispiel hätte er auf die Herausforderung $x^3 - 4x^2 + x + 6$ mit den Lösungen $x_1 = 3$, $x_2 = 2$, $x_3 = -1$ geantwortet.

Das für uns Interessante ist, dass es niemandem aus der interessierten und fachkundigen Öffentlichkeit gelang, aus Tartaglias Lösung irgendeinen Hinweis auf sein Geheimnis, die Lösungsformeln, zu erhalten. Tartaglia konnte nachweisen, dass er ein bestimmtes Geheimnis hatte, ohne es verraten zu müssen.

Schließlich überredete ihn Geronimo Cardano (1501–1576), ihm die Lösungsformeln zu wissenschaftlichen Zwecken zu übergeben. Dies tat Tartaglia auch, und Cardano hatte nichts Besseres zu tun – als die Lösung sofort zu veröffentlichen!

Die Ironie der Geschichte ist, dass diese Formeln heute Cardano'sche Formeln genannt werden.

3. Das Geheimnis der magischen Tür

Ich will nun versuchen, Ihnen das Wesen eines Zero-Knowledge-Verfahrens mit Hilfe eines Spieles nahezubringen. Vielleicht kommt Ihnen das Spiel künstlich und an den Haaren herbeigezogen vor, aber ich bitte Sie, ernsthaft mitzuspielen. Denn Sie lernen nicht nur ein elementar verständliches Zero-Knowledge-Protokoll kennen, sondern auch, was «Zero-Knowledge» überhaupt bedeutet. Jedes Zero-Knowledge-Protokoll, auch das Fiat-Shamir-Verfahren, läuft nach diesem Schema ab.

Ich danke Ihnen, liebe Leserin, dass Sie sich für unser Spiel als Freiwillige zur Verfügung stellen. (Die männlichen Leser bitte ich, sich dieses eine Mal mit einer Leserin zu identifizieren.)

Ich stelle mir vor, dass Sie ein Geheimnis kennen; und zwar besteht Ihr Geheimnis darin, dass es Ihnen als einzigem Menschen der Welt möglich ist, die magische Tür zu öffnen. Ob Sie dies mit einem Zauberspruch vermögen, den Ihnen Ihre Großmutter vererbt hat, oder ob Sie den einzigen Schlüssel der Welt benutzen oder ob Sie, ganz modern, die Geheimzahl kennen, die Sie über eine Tastatur eingeben, wenn Sie die Tür öffnen, dies brauchen Sie mir nicht zu verraten.

Sie wollen mich davon überzeugen, dass Sie die Trägerin des Geheimnisses der magischen Tür sind, und natürlich legen Sie größten Wert darauf, dass garantiert niemand, und schon gar nicht ich, auch nur das Geringste dabei erfährt.

Dieses Problem werden wir zusammen lösen. Wir werden dazu ein Spiel spielen, auf das Sie sich natürlich einlassen müssen. Wenn das Spiel beendet ist, werden Sie mich überzeugt haben.

Bevor wir zu spielen beginnen, müssen wir uns die richtige Spielumgebung schaffen. Wenn Sie mich von der Existenz Ihres Geheimnisses überzeugen wollen, müssen Sie Ihre Fähigkeit, die magische Tür zu öffnen, irgendwann unter Beweis stellen. Aber das muss selbstverständlich so geschehen, dass ich nichts davon mitbekomme. Wir benutzen dazu ein Spielgebäude mit folgendem Grundriss:

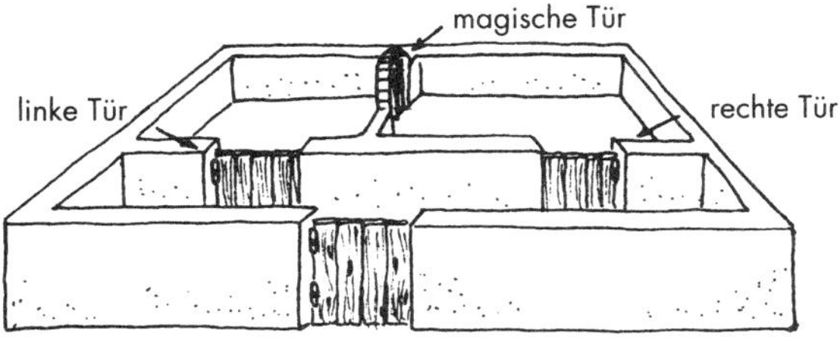

Nachdem man die Eingangstür passiert hat, kommt man in einen Vorraum, der zwei weitere Türen hat: die linke Tür und die rechte Tür. Die beiden Räume, zu denen diese Türen führen, sind nur durch die magische Tür verbunden.

Das Spiel ist völlig harmlos. Sie gehen durch die Eingangstür in den Vorraum und schließen die Eingangstür hinter sich. Dann entscheiden Sie sich zufällig für die linke oder rechte Tür, betreten den entsprechenden Raum und schließen wieder die Tür hinter sich.

Dann betrete ich den Vorraum und entscheide mich ebenfalls für links oder rechts. Im Gegensatz zu Ihnen gehe ich aber nicht in den entsprechenden Raum, sondern ich möchte, dass Sie aus der von mir gewünschten Tür erscheinen. Ich rufe also «links» oder «rechts» – und Sie erscheinen aus der richtigen Tür.

Das ist alles. Nochmals schematisch. Das Spiel hat fünf Akte:

1. Sie treffen eine zufällige Wahl (links oder rechts).
2. Sie legen sich auf diese Wahl fest und verbergen diese vor mir, indem Sie in den entsprechenden Raum gehen und die Tür hinter sich schließen.
3. Ich treffe eine zufällige Wahl (links oder rechts) und teile Ihnen diese mit.
4. Sie erfüllen meinen Wunsch.
5. Ich überzeuge mich, dass Ihre Antwort mit meinem Wunsch übereinstimmt, indem ich sehe, dass Sie aus der richtigen Tür erscheinen.

Nun werden Sie bestimmt einwenden: «*Damit* wollen Sie sich überzeugen, dass ich diejenige bin, die das Geheimnis kennt? Da könnte doch eine *jede* kommen! Angenommen, irgendeine andere entscheidet sich für links und Sie wünschen sich zufällig auch die linke Seite. Dann erfüllt Ihnen auch diese andere Ihren Wunsch, obwohl sie keine Ahnung von meinem Geheimnis hat. Also, so geht's bestimmt nicht!»

Ihr Einwand gibt uns Gelegenheit, das Spiel gründlich zu analysieren. Zunächst muss ich Ihnen entgegenhalten: «Doch, so geht es. Wir müssen das Spiel nur öfter spielen. Wenn wir das Spiel nur einmal gespielt haben, bin ich tatsächlich nur in 50 Prozent der Fälle, also mit Wahrscheinlichkeit 1/2, überzeugt, dass Sie das Geheimnis kennen. In der anderen Hälfte der Fälle haben Sie Glück gehabt und brauchten Ihr Geheimnis nicht zu benutzen.»

«Sag ich doch.»

«Nun spielen wir aber das Spiel ein zweites Mal. Sie wählen wieder zufällig links oder rechts, und auch ich wähle zufällig die linke oder rechte Seite. Dann haben Sie insgesamt nur in 25 Prozent aller Fälle Glück in dem Sinne, dass Sie das Geheimnis nicht verwenden mussten. Das heißt, die Wahrscheinlichkeit zu betrügen ist nur noch 1/2 · 1/2 = 1/4.»

«Und nach dem dritten Mal?»

«Wenn wir unsere Entscheidungen wieder zufällig treffen, ist die Wahrscheinlichkeit, dass Sie ohne Kenntnis des Geheimnisses durchkommen, nur noch 1/2 · 1/2 · 1/2 = 1/8.»

«Und nach zehn Spielrunden ist sie nur noch 1/2 · 1/2 · 1/2 · 1/2 · 1/2 · 1/2 · 1/2 · 1/2 · 1/2 · 1/2 = 1/1024.»

«Ja, weniger als 1 Promille. Bei jeder Runde wird die Wahrscheinlichkeit, erfolgreich zu betrügen, halbiert. Ich kann mir also vorgeben, mit welcher Wahrscheinlichkeit ich überzeugt sein möchte, und entsprechend viele Runden müssen wir spielen.»

«Mit immer neuer Wahl von links und rechts?»

«Ja, es ist entscheidend, dass wir beide unsere Wahl in jeder Runde zufällig treffen.»

«Gut. So weit habe ich alles verstanden. Bisschen kompliziert, aber was soll's! Was mir noch nicht klar ist: Warum ist das jetzt Zero-Knowledge? Warum lernen Sie dabei *garantiert* nichts, wenigstens nichts über mein Geheimnis?»

«Das wichtigste Wort in Ihrer Frage ist das Wort ‹garantiert›. Ich muss Ihnen garantieren, dass in unserem Spiel keine Information übertragen wird, sonst werden Sie sich von vornherein nicht darauf einlassen.»

«So ist es.»

«Genau dies ist der Grund, weshalb wir ein so kompliziertes Spiel spielen. Wir hätten's uns ja auch einfach machen können: Sie gehen links rein und kommen rechts raus.»

«Ich hab mich auch schon gewundert, weshalb wir nicht einfach das machen.»

«Bei dieser Variante kann ich mir zwar, zugegebenermaßen, kaum *vorstellen*, wie ich etwas von Ihnen erfahren kann, aber ich kann Ihnen nicht *beweisen*, dass ich nichts erfahre!»

«Aber bei unserem Originalspiel können Sie das?»

«Ja, selbst wenn ich versuche, alle mir zugänglichen Details auszuwerten, wird es mir nicht gelingen, irgendetwas zu erfahren.»

«Dann machen Sie mir dies doch einfach überzeugend klar, damit wir endlich real zu spielen beginnen können.»

«Gut. Zunächst versuche ich, wirklich alles aus unseren Spielszenen zu nutzen. Da mein Gedächtnis nicht mehr vollkommen ist, halte ich zur Vorsicht das Ganze auf einem Video fest.»

«Alles?»

«Alles, was ich sehe und höre.»

«Auf dem Video sieht man also mich in das Haus gehen. Dann gehen Sie ins Haus und sehen zwei verschlossene Türen.»

«Dann rufe ich ‹links› oder ‹rechts›, und Sie kommen aus der richtigen Tür heraus.»

«Genau.»

«Und das nicht nur ein Mal, sondern zwei Mal, drei Mal, vier Mal ...»

«So oft, wie wir wollen.»

«Straßenbahnfahren ist aufregender.»

«Zugegeben. Und vielleicht ist es das gerade.»

«Wie bitte? Der Witz soll die Langweiligkeit sein?»

«In gewissem Sinn ja. Denn sehen Sie: Wenn ich durch unser Spiel irgendeine Information von Ihnen bekomme, dann muss diese – in welcher Form auch immer – auf dem Video festgehalten sein.»

«So weit kann ich folgen.»

«Wenn es mir also gelingt, mit jemand anderem, mit jemandem, die keine Ahnung von Ihrem Geheimnis hat, ein Video zu drehen, das ein Außenstehender nicht von unserem Video unterscheiden kann, …»

«Moment mal, Sie wollen mit einer anderen das gleiche Video herstellen? Das geht doch gar nicht, denn nur ich kenne das Geheimnis, und ich verrate es niemandem, auch keiner anderen!»

«Vorsicht, ich habe nicht gesagt ‹das gleiche Video›, sondern ein ‹ununterscheidbares› Video. Wie ich das mache, sage ich Ihnen gleich.»

«Nun gut, angenommen, Sie würden das schaffen. Angenommen. Was hätte ich dann davon?»

«Das ist doch klar! Das Video mit der ahnungslosen Person kann keine Information von Ihnen an mich enthalten und schon gar nicht irgendwelche Details, weil diese Person ja von Ihnen und Ihrem Geheimnis keine Ahnung hat. Wenn ein solches Video von unserem Video ununterscheidbar ist, dann kann doch auch unser Originalvideo keine Information enthalten!»

«Sie geraten ja außer sich vor Begeisterung. Natürlich, das wäre Zero-Knowledge. Kein Wissen wird übertragen. Aber ich verstehe immer noch nicht, *wie* Sie das zweite ‹Nonsensvideo› herstellen wollen.»

«Einfacher, als Sie denken. Ich nehme irgendeine Person, erkläre ihr das Spiel, und los geht's.»

«Langsam. Sie nehmen meine ahnungslose Konkurrentin auf Video auf. Man sieht diese Person hineingehen. Sie folgen, rufen ‹rechts› oder ‹links›, und …»

«… man sieht die Person aus der richtigen Tür herauskommen.»

«Halt! Nur wenn Sie Glück haben! Nur wenn Sie sich beide für die gleiche Tür entschieden haben. Sonst nicht!»

«Richtig. Wenn wir beide zufällig die gleiche Seite gewählt haben, erscheint Ihre Nebenbuhlerin in der richtigen Tür, und wir haben eine Szene im Kasten.»

«Und wenn nicht?»

«Dann löschen wir einfach die Szene und fangen wieder von vorne an.»

«Das ist unfair!»

«Ich habe nie behauptet, fair zu sein.»

(Sie wenden sich entrüstet ab.)

«Hören Sie doch. Meine Aufgabe ist nicht, mit irgendjemandem genau das zu machen, was wir gemacht haben, sondern nur mit jemandem einen Film zu drehen, der – wenn er fertig ist – genauso aussieht wie unser Video.»

«Aber Sie brauchen viel länger dazu.»

«Nein – nur ungefähr doppelt so lange. Denn statistisch gesehen können wir beim zweiten Film nur die Hälfte aller Szenen brauchen. Aber das macht nichts. Entscheidend ist, dass ich mit kalkulierbarem Mehraufwand einen Film drehen kann, der unserem täuschend ähnlich sieht.»

«Und was heißt ‹kalkulierbar›?»

«Die Mathematiker und theoretischen Informatiker sagen ungefähr so: Ein Protokoll ist Zero-Knowledge, wenn es mit nur geringem («polynominalem») Mehraufwand gelingt, mit einer ahnungslosen Person ein Video herzustellen, das mit kalkulierbarem Zeitaufwand nicht vom Originalvideo zu unterscheiden ist.»

«Aha. Und was kann ich mir davon kaufen?»

«Seien Sie doch nicht so eingeschnappt! Das ist doch gerade für Sie gut!»

«Für mich?»

«Aber sicher. Die Tatsache, dass es mir gelingt, ein Nonsensvideo herzustellen, das nicht vom Original zu unterscheiden ist, bedeutet doch, dass im Originalvideo wirklich keine Information verborgen sein kann!»

«Also … bin ich sicher, dass Sie bei unserem Spiel nichts dazulernen. Schon gar nichts von meinem Geheimnis.»

«Ja, Sie sind 100-prozentig sicher. Durch die Existenz dieses Nonsensvideos habe ich Ihnen das bewiesen.»

«Gut. Aber anstrengend ist es.»

«War es. Denn jetzt können wir das Spiel unbeschwert spielen.»

«Aber bevor wir beginnen, sollten wir uns noch eine kleine Pause gönnen ...»

4. Natürliche Zahlen – zum Dritten

In diesem Abschnitt bereiten wir den Fiat-Shamir-Algorithmus vor. Dabei spielen Quadratzahlen (kurz: Quadrate) modulo n eine entscheidende Rolle. Selbstverständlich kann man jede Zahl modulo n quadrieren, aber nicht jede natürliche Zahl hat eine *Quadratwurzel* modulo n. Das ist so wie bei den reellen Zahlen: Nur die nichtnegativen reellen Zahlen haben eine Quadratwurzel (sind Quadrate); jede positive reelle Zahl hat genau zwei Quadratwurzeln. Zum Beispiel hat 4 die Quadratwurzeln 2 und –2.

Wir werden zwei Fragen diskutieren. Einerseits geht es darum, wie viele Quadratwurzeln eine natürliche Zahl modulo n haben kann. Andererseits fragen wir uns, wie schwer es ist, Quadratwurzeln modulo n zu finden.

Zuerst behandeln wir Quadratwurzeln modulo p, wobei p eine Primzahl ist. In diesem Fall hat jedes Quadrat genau zwei Quadratwurzeln modulo p. Das heißt: Jede positive natürliche Zahl hat modulo p entweder 0 oder genau 2 Quadratwurzeln. Betrachten wir als Beispiel den Fall p = 19:

Zahl	Quadrat?	Quadratwurzeln	Zahl	Quadrat?	Quadratwurzeln
1	ja	1, 18	10	nein	
2	nein		11	ja	7, 12
3	nein		12	nein	
4	ja	2, 17	13	nein	
5	ja	9, 10	14	nein	
6	ja	5, 14	15	nein	
7	ja	8, 11	16	ja	4, 15
8	nein		17	ja	6, 13
9	ja	3, 16	18	nein	

Man kann diese Tabelle leicht berechnen, indem man alle Zahlen modulo 19 quadriert.

Wir beobachten, dass genau die Hälfte der Elemente Quadrate sind; ferner sind die Quadratwurzeln einer Zahl a stets von der Form b und p – b. Diese Aussagen gelten auch allgemein für jede Primzahl p, die größer als 2 ist.

Man kann die Quadratwurzeln einer Zahl a modulo p auch berechnen. Wenn p die Eigenschaft hat, dass p + 1 durch 4 teilbar ist, dann erhält man eine Quadratwurzel von a, indem man

$$b = a^{(p+1)/4} \bmod p$$

berechnet. Die andere Quadratwurzel ist dann p – b.

Im Fall p = 19 muss man also mit (p+1)/4 = 20/4 = 5 potenzieren. Zum Beispiel ist

$$\begin{aligned} b = 9^5 \bmod 19 &= 9^2 \cdot 9^2 \cdot 9 \bmod 19 = 81 \cdot 81 \cdot 9 \bmod 19 \\ &= 5 \cdot 5 \cdot 9 \bmod 19 = 6 \cdot 9 \bmod 19 = 16. \end{aligned}$$

Also ist 16 eine Quadratwurzel von 9, die andere ist 19–16 = 3.

Nun betrachten wir Quadrate modulo n, wobei n wie immer bei uns von der Form n = pq mit zwei verschiedenen Primzahlen p und q ist.

Wie viele Quadratwurzeln hat ein Quadrat modulo n? Betrachten wir dazu das Beispiel n = 5 · 7 = 35. Wenn man eine Tabelle macht, stellt man fest, dass es nicht nur zwei Sorten von Zahlen gibt (Quadrate und Nichtquadrate), sondern drei:

- Die meisten Zahlen, nämlich 2, 3, 5, 6, 7, 8, 10, 13, 17, 18, 19, 20, 22, 23, 24, 26, 27, 28, 31, 32, 33 und 34, sind *keine Quadrate*.
- Die Zahlen 1, 4, 9, 16 und 29 sind Quadrate – und haben *vier* Quadratwurzeln. Wenn man modulo 35 rechnet, ergibt sich

$$\begin{aligned} 1 &= 1^2 = 34^2 = 6^2 = 29^2, \\ 4 &= 2^2 = 33^2 = 12^2 = 23^2, \\ 9 &= 3^2 = 32^2 = 17^2 = 18^2, \\ 16 &= 4^2 = 31^2 = 11^2 = 24^2, \\ 29 &= 8^2 = 27^2 = 13^2 = 27^2. \end{aligned}$$

- Die restlichen Zahlen (14, 15, 21, 25, 30) sind Quadrate und haben nur zwei Quadratwurzeln.

$$14 = 7^2 = 27^2,\ 15 = 15^2 = 20^2,$$
$$21 = 14^2 = 21^2,\ 25 = 5^2 = 30^2,\ 30 = 10^2 = 25^2.$$

Die Quadrate vom letzten Typ sind Zahlen, die durch einen der beiden Faktoren p oder q teilbar sind (5, 10, 15, 20 und 25 sind Vielfache von 5; 7, 14, 21 und 28 sind durch 7 teilbar).

Diese betrachten wir hier nicht. Die «wichtigsten» Zahlen modulo n sind diejenigen, die weder durch p noch durch q teilbar sind (in unserem Beispiel sind dies die Zahlen 1, 2, 3, 4, 6, 8, 9, 11, 12, 13, 16, 17, 18, 19, 22, 23, 24, 26, 27, 29, 31, 32, 33, 34).

Von diesen Zahlen sind nicht etwa die Hälfte Quadrate, sondern nur ein Viertel – dafür hat jedes Quadrat vier Quadratwurzeln! Eine Überraschung!

Wir beobachten auch, dass die vier Quadratwurzeln einer Zahl in zwei Hälften eingeteilt werden können: Wenn b eine Quadratwurzel ist, ist n–b eine andere; wenn b' eine der anderen Quadratwurzeln ist, ist n–b' die vierte. Die Quadratwurzeln b und n–b bzw. b' und n–b' unterscheiden sich nicht wesentlich, während jede Quadratwurzel aus der ersten Gruppe *wesentlich verschieden* von jeder aus der zweiten Gruppe ist.

Diese Tatsache gilt immer, wenn n ein Produkt von zwei verschiedenen Primzahlen ist, von denen keine gleich 2 ist. (Wenn eine Zahl von mehr als zwei Primzahlen geteilt wird, hat ein Quadrat im Allgemeinen auch mehr als vier Quadratwurzeln.)

Wie schwierig ist es, Quadratwurzeln modulo n zu berechnen? Das Erstaunliche ist, dass dies *genauso schwer ist, wie die Zahl* n *zu faktorisieren!*

Das bedeutet: Wenn n so gewählt ist, dass man n nicht faktorisieren kann, dann kann auch kein Mensch Quadratwurzeln modulo n berechnen! Diese Erkenntnis werden wir im nächsten Abschnitt anwenden.

Warum? Um die obige Behauptung einzusehen, müssen wir uns zwei Teilbehauptungen klarmachen:

1. *Wenn* man faktorisieren kann, *dann* kann man auch Quadratwurzeln berechnen.
2. *Wenn* man Quadratwurzeln modulo n berechnen kann, *dann* kann man auch n faktorisieren.

Die erste Teilbehauptung ist prinzipiell einfach, aber technisch kompliziert auszuführen. Deshalb soll hier nur die Idee angedeutet werden: Wenn man n faktorisieren kann, kennt man die Primfaktoren p und q. Dann berechnet man als Erstes die Quadratwurzeln modulo p und modulo q; es gelingt dann, diese beiden Zahlen zu einer Quadratwurzel modulo n zusammenzusetzen.

Die zweite Teilbehauptung ist die entscheidende, und diese machen wir uns nun klar. Wir nehmen also an, dass wir Quadratwurzeln modulo n berechnen können. Dazu stellen wir uns am besten eine kleine Zaubermaschine vor, die für uns eine Quadratwurzel modulo n einer von uns eingegebenen Zahl berechnet, falls diese Zahl überhaupt eine Quadratwurzel hat. Wir benutzen diese Maschine, um n zu faktorisieren.

Dazu wählen wir irgendeine Zahl b kleiner als n, die weder von p noch von q geteilt wird, und berechnen $a = b^2 \bmod n$.

Diese Zahl a füttern wir in unsere Zaubermaschine. Diese rechnet ein bisschen und gibt nach einiger Zeit eine Quadratwurzel b’ von a aus.

Da unsere Maschine keine Ahnung hat, aus welcher der vier Quadratwurzeln wir a berechnet haben, sind die Zahlen b’ und b in der Hälfte der Fälle wesentlich verschiedene Quadratwurzeln. Dann ist also weder $b' = b$ noch $b' = n-b$.

In diesem Fall haben wir Glück, und die Prozedur läuft weiter. Wir wenden nun Mittelstufenmathematik an, und zwar die sogenannte «dritte binomische Formel» $(x+y)(x-y) = x^2-y^2$. In unserem Fall ergibt sich

$$(b'+b)(b'-b) = b'^2 - b^2 = a - a = 0 \bmod n.$$

Das bedeutet, dass das Produkt (b'+b)(b'–b) ein Vielfaches von n = pq ist. Insbesondere muss eine der Primzahlen p und q den ersten Faktor und die andere den zweiten Faktor teilen. (Hier ist wichtig, dass b' und b wesentlich verschieden sind.)

Wir berechnen nun einfach den größten gemeinsamen Teiler von b' + b und n (das geht mit Hilfe des euklidischen Algorithmus sehr einfach), und wir erhalten einen Faktor. Der andere ergibt sich dann, indem wir n durch den ersten teilen.

Wenn wir kein Glück haben (das heißt, wenn b' = b oder b' = n – b ist), so merken wir dies daran, dass b' + b oder b' – b durch n teilbar ist. In diesem Fall beginnen wir nochmals von vorne.

Die Wahrscheinlichkeit, dass wir in 10 Versuchen hintereinander Pech haben, ist nur 1/1024, also weniger als 1 Promille, und die Wahrscheinlichkeit, in 20 aufeinanderfolgenden Versuchen Pech zu haben, ist kleiner als ein Millionstel. Das bedeutet: Irgendwann haben wir Glück; wie müssen nur lange genug probieren, und dann haben wir n faktorisiert.

5. Das Fiat-Shamir-Verfahren

Wir beschreiben jetzt den Algorithmus, der den Durchbruch bei den Zero-Knowledge-Verfahren brachte. Nachdem schon 1985 die Amerikanerin Shafi Goldwasser zusammen mit ihren Kollegen Silvio Micali und Charles Rackhoff die theoretischen Grundlagen veröffentlicht hatten, fanden der israelische Mathematiker Adi Shamir und sein Schüler Amos Fiat im Jahre 1986 das erste praktisch einsetzbare Zero-Knowledge-Verfahren. Es ist bis heute vorbildlich geblieben.

Für das Verfahren braucht man eine natürliche Zahl n = pq, die das Produkt zweier verschiedener Primzahlen p und q ist. Die Zahl n bzw. die Faktoren p und q sollen so gewählt werden, dass es praktisch unmöglich ist, n zu faktorisieren. Im vorigen Abschnitt haben wir gesehen, dass es dann auch praktisch unmöglich ist, Quadratwurzeln modulo n zu berechnen.

Jeder Teilnehmer hat als sein Geheimnis eine natürliche Zahl s, die kleiner als n ist und weder von p noch von q geteilt wird.

(Dies kann man auch ohne Kenntnis von p und q nachprüfen: Man berechnet den größten gemeinsamen Teiler von s und n; dieser muss gleich 1 sein.) Der Teilnehmer veröffentlicht die Zahl $v = s^2 \bmod n$, anhand derer sein Geheimnis verifiziert werden kann, wie wir gleich sehen werden.

Das Verfahren spielt – ganz ähnlich wie das Modell mit der magischen Tür – in fünf Akten. Wir stellen uns vor, Sie, verehrte Leserin, haben eine geheime Zahl s und wollen mich davon überzeugen. Ich selbst kenne die Zahl v, von der ich nur weiß, dass Ihr Geheimnis eine Quadratwurzel modulo n von v ist. Aus dem vorigen Abschnitt weiß ich, dass ich (oder ein potentieller Betrüger) keine Chance habe, eine Quadratwurzel von v zu berechnen. Das Spiel läuft nun so ab:

1. Sie wählen zufällig eine natürliche Zahl r. Dies entspricht Ihrer Wahl des rechten oder linken Gangs.

2. Sie verbergen diese Wahl, indem Sie r modulo n quadrieren, Sie berechnen also

$$x = r^2 \bmod n.$$

Aus dem vorigen Abschnitt wissen Sie, dass niemand aus x die Zahl r zurückgewinnen kann; also ist dies eine sehr gute Art, r zu verbergen. Ferner legen Sie sich auf die Zahl r fest, indem Sie mir die Zahl x schicken. Sie können danach r nicht mehr nach Belieben ändern.

Dieser Vorgang entspricht im Modell der magischen Tür dem Schließen der Tür; dadurch verbergen Sie nicht nur Ihre Wahl vor mir, sondern legen sich auch auf die von Ihnen gewählte Seite fest.

3. Jetzt treffe ich eine zufällige Wahl, ich wähle ein Bit (0 oder 1), genauso wie ich vorher links oder rechts gewählt habe. Dann teile ich Ihnen meine Entscheidung mit.

4. Nun müssen Sie mir die richtige Antwort geben. Wenn ich das Bit 0 gewählt habe, brauchen Sie mir nur die Zahl r zu schicken. Wenn ich mich aber für das Bit 1 entschieden habe, müssen Sie mir die Zahl

$$y = r \cdot s \bmod n$$

schicken.

Auch dies hat seine Entsprechung im Modell der magischen Tür: In einem Fall können Sie meinen Wunsch erfüllen, ohne Ihr Geheimnis zu benutzen, im anderen können Sie nur richtig reagieren, wenn Sie das Geheimnis benutzen.

5. Schließlich muss ich mich überzeugen, ob Ihre Antwort richtig ist. Bei der magischen Tür sehe ich, ob Sie meinem Wunsch entsprechen; bei unserem mathematischen Protokoll erhalte ich nur eine Zahl und muss mich vergewissern, dass Sie mir die richtige und nicht irgendeine Zahl schicken!

Falls ich das Bit 0 gewählt habe (Sie mir also r geschickt haben), überprüfe ich nur, ob das Quadrat der von Ihnen übermittelten Zahl gleich x ist.

Falls ich mich für das Bit 1 entschieden habe (und Sie mir hoffentlich $y = r \cdot s \bmod n$ übermittelt haben), quadriere ich ebenfalls die mir übermittelte Zahl y und überprüfe, ob das gleich $x \cdot v \bmod n$ ist; ich verifiziere also, ob die Gleichung

$$y^2 \bmod n = x \cdot v \bmod n$$

gilt.

Das ist alles.

Nein, natürlich nicht, denn auch wenn Sie mir die richtige Antwort geschickt haben, bin ich natürlich nur zu 50 Prozent überzeugt, dass Sie das Geheimnis kennen.

Denn wenn ich das Bit 0 geschickt habe, schicken Sie mir ja die Zahl $y = r$, die mit dem Geheimnis nichts zu tun hat. Aber auch wenn Sie vorhersehen, dass ich das Bit 1 schicken werde, könnten Sie mich betrügen. Dann würden Sie mir im zweiten Schritt nicht das Quadrat einer zufälligen Zahl schicken, sondern Sie würden zuerst ein y wählen und eine Zahl v' berechnen, so dass $v'v \bmod n = 1$ ist (ein solches v' existiert immer dann, wenn der größte gemeinsame Teiler von v und n gleich 1 ist). Dann würden Sie die Zahl $x = y^2 \cdot v' \bmod n$ berechnen und mir dieses x schicken.

Dann funktioniert auch meine Verifikation anstandslos. Wir beginnen mit der rechten Seite:

$$x \cdot v \bmod n = y^2 \cdot v' \cdot v \bmod n = y^2 \bmod n.$$

Also gut – beziehungsweise schlecht. Sie können jeweils mein Bit im Voraus raten und dann jeweils auf eine, aber auch nur auf eine meiner Fragen eine mich befriedigende Antwort geben. Daher bin ich nur zu 50 Prozent überzeugt, dass Sie das Geheimnis kennen.

Aber es ist klar, was wir machen: Wir spielen das Spiel öfter. Wenn Sie in zwei Spielen die richtige Antwort geben, bin ich schon zu 75 Prozent überzeugt, nach drei Spielen bereits zu 87,5 Prozent usw. Bei n Spielen haben Sie nur eine Betrugschance von $1/2^n$, also bin ich mit der Wahrscheinlichkeit $1–1/2^n$ überzeugt. Wenn Sie zehn Runden erfolgreich absolviert haben, bin ich mir zum Beispiel schon mehr als 99,99-prozentig sicher, dass Sie das Geheimnis kennen.

Abgesehen von allen anderen Vorteilen, haben Zero-Knowledge-Protokolle die bemerkenswerte Eigenschaft, dass beide Parteien beliebig hohe Sicherheit erreichen können; dazu muss nur die Anzahl der Runden entsprechend groß gewählt werden.

VI. Elektronisches Geld: ein Ding der Unmöglichkeit?

1. Was ist Geld?

Geld regiert die Welt. Ganz sicher unsere reale Welt, in der wir für alles bezahlen müssen und in der für Geld alles zu haben ist.

Geld ist eine komplexe Sache. Schon die Definition ist schwierig, fast unmöglich. Wir nennen einige charakteristische Eigenschaften:

- Geld ist ein allgemein anerkanntes *Zahlungsmittel* (Tauschmittel) und dient zur Bezahlung von Gütern und Dienstleistungen.
- Geld dient als *Recheneinheit*. Dadurch ist es möglich, den Wert aller Güter und Dienstleistungen in derselben Einheit auszudrücken und damit zu vergleichen.
- Geld dient als *Wertaufbewahrungsmittel*.

Geld ist eine schwierige Sache, denn im Geldkreislauf müssen mindestens drei Parteien zusammenarbeiten, die jeweils ihre eigenen Interessen haben:

- die Kunden, die ihr Geld (noch) haben und daran interessiert sind, dass sie für ihr Geld anstandslos den entsprechenden Gegenwert bekommen.
- die Kaufleute, die das Geld einnehmen und sicher sein wollen, dass sie echtes Geld bekommen, das sie dann bei ihrer Bank einlösen und auf ihrem Konto den entsprechenden Betrag gutgeschrieben bekommen.
- die Notenbanken, die den Kaufleuten ihr Geld gutschreiben und daher sicher sein müssen, dass es nur Geld gibt, das sie autorisiert haben.

Geld regiert die reale Welt. Die Frage ist, ob auch die schöne neue Cyberwelt, das Internet, die Datenautobahn, vom Geld regiert wird. Oder ob es in dieser Welt überhaupt Geld geben kann.

Natürlich denken wir sofort an «elektronisches Geld» – ohne dass wir im Augenblick schon wissen, was das sein soll. Wir fragen genauer: Ist es möglich, in den elektronischen Welten Geld zu haben, oder muss die Bezahlung der Dienstleistungen nach wie vor auf konventionellem Wege erfolgen, beispielsweise durch Münzen, Banknoten oder Kreditkarten?

Im Internet werden schon eine ganze Reihe von Bezahlsystemen angeboten. Vom kryptographischen Standpunkt aus sind einige recht primitiv. Sie basieren auf einem Kreditkartensystem, wobei die Kreditkartendaten einfach mehr oder weniger gesichert elektronisch übertragen werden.

Das ist vergleichsweise leicht zu realisieren, aber es hat auch gravierende Mängel. Nämlich die Mängel, die sich durch die Verwendung eines Kreditkartensystems ergeben, und zusätzlich eventuell diejenigen, die aufgrund der Übermittlung entstehen. Die Übertragung der Daten kann aber kryptographisch so gut abgesichert werden, dass der Kunde durch die elektronische Übermittlung keine Nachteile erleidet. Dennoch bezahlt der Kunde nach wie vor mit einer Kreditkarte, ihm wird also zum Beispiel nicht einmal der Anschein von Anonymität geboten.

Wir verfolgen hier eine ganz andere Idee: Alle elektronischen Daten bestehen aus Bits. Wenn man aus Bits Geld machen könnte, dann würden gewisse Bitmuster etwas wert sein, manche Bitmuster sind 10 € wert, andere 100 €, wieder andere 1000 € – und die meisten sind völlig wertlos.

Wir wählen noch eine andere Sicht der Dinge: Jede binäre Folge ist die Darstellung einer natürlichen Zahl im Binärsystem; wie die Übersetzung eines Bitstrings in eine natürliche Zahl genau aussieht, braucht uns hier jedoch nicht zu interessieren.

Daraus ergibt sich: Wenn man aus Bits Geld machen kann, dann sind manche Zahlen 10, 100 oder 1000 € wert. Zum Beispiel würde ich Ihnen die Zahl 351 728 sagen, Sie würden kurz überlegen, mir aber dann dafür 100 € geben, während Sie bei

Nennung der Zahl 467 103 nur müde lächelnd den Kopf schütteln würden.

Das klingt verrückt. Trotzdem kann man fragen: Ist das möglich? Das fragen Wissenschaftler aus theoretischem Interesse, aber auch die Praktiker, weil elektronisches Geld viele Probleme elegant lösen würde.

An dieser Stelle könnten Sie einwenden: Elektronisches Geld ist doch die reine Utopie! Und nach unserem derzeitigen Kenntnisstand ist dies auch so.

Aber lassen Sie uns die Utopie ernst nehmen. Wir tun zunächst so, als ob es so etwas gäbe, und am Ende wird sich herausstellen, ob wir uns dabei in unauflösbare Widersprüche verwickeln oder – ob es vielleicht doch so etwas gibt.

Für die folgenden Überlegungen ist es nützlich, sich den Geldkreislauf (in sehr vereinfachter Form) vorzustellen. Jede Münze und jede Banknote durchläuft in der Regel mindestens die folgenden Stadien:

Ausgabe: Die Münze bzw. die Banknote wird von einer autorisierten Stelle produziert und an den Kunden ausgegeben; im Gegenzug wird sein Konto mit dem entsprechenden Betrag belastet.

Bezahlung: Der Kunde erhält von einem Verkäufer Waren oder Dienstleistungen, und dieser erhält dafür Münzen bzw. Banknoten.

Einlösung: Der Verkäufer löst das eingenommene Geld bei seiner Bank ein; dafür wird ihm der entsprechende Betrag auf seinem Konto gutgeschrieben.

Wir stellen uns vor, dass Zahlen Geld sind. Natürlich nicht alle Zahlen, sondern nur manche. Welche Eigenschaften müssen diese «Geldzahlen» haben? Wir heben vier wichtige Charakteristika heraus.

Authentizität: Nur autorisierte Instanzen (etwa die Zentralbanken) dürfen Geld erzeugen können.

Es darf mir nicht gelingen, zufällig eine Geldzahl zu raten. Das soll heißen: Die Wahrscheinlichkeit dafür muss so mikroskopisch klein sein, dass es sich nicht lohnt. Auch der Mafia darf es mit enormem Einsatz der besten Computer und der besten geköderten oder unter Druck gesetzten Mathematiker nicht gelingen, «Geldzahlen» herzustellen. Das soll heißen: Die Kosten für Computer und Wissenschaftler müssen viel höher sein als der erwartete Gewinn durch die Herstellung von Geldzahlen.

Dies sollte nicht nur verboten sein, es sollte auch mit kryptographischen Techniken verhindert werden.

Verifizierbarkeit: Jeder, der Waren oder Dienstleistungen gegen Geld anbietet, muss in der Lage sein, die Echtheit des ihm angebotenen Geldes überprüfen zu können. Im täglichen Leben merken wir «irgendwie», dass es sich bei einem 10-€-Schein nicht um ein x-beliebiges Stück Papier handelt, sondern um etwas ganz Spezielles.

Einmaligkeit (Schutz gegen mehrfaches Ausgeben): Das ist *das* Problem des elektronischen Geldes. Während es bei gewöhnlichem Geld praktisch gleich schwierig ist, Geld neu zu schaffen oder vorhandenes Geld zu duplizieren, ist dies bei elektronischem Geld völlig anders: Durch kryptographische Mechanismen kann man das unautorisierte Erzeugen von elektronischem Geld beliebig schwierig machen, aber es ist schlechterdings nicht zu verhindern, dass jemand ein elektronisches Geldstück kopiert, das ja «nur» eine Zahl ist.

Es gibt eine radikale Methode, mit der man das verhindern kann: Wenn eine Münze bei einem Verkäufer eingereicht wird, löst dieser die Münze *sofort* ein. Die Bank führt eine Liste aller eingereichten Münzen und vergleicht die jetzt eingereichte Münze mit allen eingelösten; die Münze wird nur eingelöst, wenn sie nicht in der Liste auftaucht. Man spricht von einem *Online-Verfahren*. Dieses Verfahren ist aber so aufwendig (stellen Sie sich die Liste aller eingelösten Münzen vor!), dass es für die meisten praktischen Systeme nicht in Frage kommt.

Es gibt grundsätzlich keine Mechanismen, die das Kopieren und damit das mehrfache Ausgeben ein und derselben elektronischen Münze verhindern. Denn ein Händler kann ja nicht wissen, ob er das «Original» oder nur eine Kopie erhält. Das Beste, was man sich erhoffen kann, sind Verfahren, welche die Identität dessen, der eine Münze mehrfach ausgibt, offenlegen.

Dann kann jedenfalls die einlösende Bank den betrügerischen Kunden ermitteln und gegen ihn vorgehen.

Anonymität: Unser gewöhnliches Geld, insbesondere die Münzen, bieten uns in fast perfekter Weise Anonymität. Wenn eine Münze bei einer Bank eingezahlt wird, kann diese nicht herausfinden, wer was wann mit dieser Münze gekauft hat («Geld hat keine Geschichte»). Man kann lange darüber diskutieren, ob Anonymität wirklich notwendig ist. Wer nichts zu verbergen habe, brauche keine Anonymität, lautet ein häufiger Einwand. Ich bin aber der Überzeugung, dass wir uns an die alltägliche Anonymität des Geldes sehr gewöhnt haben. Ich finde es jedenfalls sehr angenehm, dass ich, wenn ich meiner fünfzehnjährigen Tochter mal «einfach so» 10 Euro zustecke, dies nicht automatisch vor dem Rest der Familie rechtfertigen muss.

Die spannende Frage ist, ob man auch elektronische Münzen entwerfen kann, die Anonymität – vielleicht sogar auf noch höherem Niveau – bieten.

Wir besprechen nun diese vier Forderungen der Reihe nach; dabei wird sich zeigen, dass die erste und zweite sowie die dritte und vierte Forderung eng zusammengehören, sei es, dass sie sich ergänzen, sei es, dass es schwierig ist, sie gleichzeitig zu erfüllen.

Authentizität und Verifizierbarkeit

Wir kennen bereits das Zaubermittel, um Authentizität zu erreichen: die digitale Signatur.

Im Grunde ganz einfach: Die Notenbank signiert einen Datensatz, etwa die Nachricht «10 €», und das ist die Münze.

Auch die Verifikation ist prinzipiell einfach: Jeder kann den öffentlichen Schlüssel auf die Signatur anwenden und überprüfen, ob sich der entsprechende Klartext ergibt.

Aber ganz so einfach ist es dann doch nicht.

Einmaligkeit und Anonymität

Das bisher entwickelte Primitivsystem bietet keinerlei Schutz gegen mehrfaches Verwenden einer elektronischen Münze: Die Münze bleibt gültig, der Inhaber kann sie mehrfach einreichen, es gibt keine Möglichkeit, ihn dingfest zu machen.

Wenn man einen Schutz gegen mehrfaches Ausgeben haben möchte, muss der Besitzer der Münze ausfindig gemacht werden können, falls er sie mehrfach ausgegeben hat. Dies widerspricht der Anonymität. Es muss also gewährleistet sein, dass der Kunde anonym bleibt, solange er sich korrekt verhält, im anderen Falle aber seine Anonymität aufgehoben werden kann.

Der Name des Besitzers muss also irgendwie in der elektronischen Münze versteckt sein. Daher muss der Besitzer bei der Erzeugung der Münze der Bank bekannt sein oder in den Prozess der Erzeugung mit einbezogen werden – kein Problem, da der Kunde schon deswegen der Bank bekannt sein muss, damit diese sein Konto belasten kann.

Man könnte unser erstes System dahingehend verbessern, dass die Bank nicht nur die Nachricht «10 €» signiert, sondern vielleicht «10-€-Münze Nr. 257 für Herrn B.». Damit wäre Folgendes erreicht: Wenn die Bank alle Münzen speichert, kann sie bei jedem Eingang einer neuen Münze überprüfen, ob diese spezielle Münze schon früher eingereicht wurde.

Aber ganz so einfach ist es dann doch nicht.

Ein solches Verfahren hat nämlich mindestens die folgenden entscheidenden Nachteile:

- Die Bank muss die Daten aller Münzen speichern. Dies erfordert nicht nur riesige Speicherkapazität, sondern bei jeder neu eingereichten Münze einen großen Suchaufwand. Leider ist es so, dass man bis heute kein elektronisches Münzsystem kennt, bei dem dieser Aufwand prinzipiell entfallen würde.
- Schließlich ist ein solches System so ziemlich das krasse Gegenteil von Anonymität. Das ist so, als ob auf jeden Schein, den ich bei der Bank hole, mein Name geschrieben würde.

Unser Ziel ist ehrgeizig. Wir suchen ein Verfahren zur Herstellung, Verifikation und Einlösung elektronischer Münzen, das neben den bereits erörterten Eigenschaften (Authentizität und Verifikation) folgenden Forderungen genügt:

- Der ehrliche Besitzer der Münze bleibt vollkommen anonym. Das heißt: Wenn eine Münze eingelöst wird, kann die Bank nicht feststellen, an wen sie diese ausgegeben hat.
- Wenn aber eine Münze zum zweiten Mal eingelöst werden soll, kann die Bank feststellen, an wen diese Münze ausgegeben wurde.

Das scheint wenig zu sein. Aber mehr kann man nicht verlangen: Man kann weder das Kopieren noch das mehrfache Ausgeben einer Münze verhindern, und aus diesem Grund kann man auch nicht verlangen, dass der Betrug beim zweiten Bezahlen sofort auffliegt.

2. Blinde Signatur

Wir behandeln zunächst ein schönes Verfahren zur Erzeugung von elektronischem Geld, das Anonymität auf höchstem Niveau gewährleistet.

Die Grundidee, die zuerst 1985 von David Chaum veröffentlicht wurde, basiert auf einem «blinden Signatursystem»: Die Bank signiert eine Nachricht, ohne sie zu sehen. Das heißt aber nicht, dass sie ein leeres Dokument, in das erst später die entscheidenden Informationen eingesetzt werden, blanko unterschreibt, sondern die Bank unterzeichnet nur ein fertiges Dokument, das sie zum Zeitpunkt der Unterschrift nicht kennt.

Wie soll das funktionieren? (Wir machen uns zunächst keine Gedanken darüber, wozu das gut sein soll.) Wie gewohnt machen wir uns das Verfahren an einem Modell aus dem Alltag klar:

Eine Kundin, die wir Frau A. Nonym nennen, legt ein Blatt Papier (das letztlich unterschrieben werden soll) zusammen mit einem Kohlepapier in einen Umschlag. Sie schickt den Umschlag an die Bank und bittet in einem Begleitschreiben darum, das Papier blind zu signieren und daraus ein 2-€-«Stück» zu machen.

Die Bank drückt dem Umschlag ihren 2-€-Stempel auf – und

dieser drückt sich durch das Kohlepapier bis auf das eingelegte Papier durch.

Ein solches Verfahren für eine «blinde Signatur» kann man auch mathematisch realisieren. Dazu legen wir den RSA-Algorithmus zugrunde. Die Bank stellt eine natürliche Zahl n und einen öffentlichen Exponenten zur Verfügung; sie selbst hat den zugehörigen geheimen Schlüssel d. All diese Schlüssel sind nur dazu da, eine elektronische 2-€-Münze herzustellen.

Wir beschreiben zunächst die *Erzeugung* einer elektronischen Münze.

Zuerst muss Frau Nonym das Material für die Münze bereitstellen. Dazu wählt sie zunächst eine Nachricht m, anhand derer jeder später erkennen kann, dass es sich um eine spezielle Münze handelt. Das kann eine verständliche Nachricht sein («Ich bin € 2,– wert und habe die Nummer 314159») oder eine sinnlose Nachricht, die aber ein gewisses Muster hat; zum Beispiel könnte die Zahl aus zwei identischen Hälften bestehen (35687 35687). Dieses Schema muss allen Teilnehmern bekannt sein. Wie immer beim RSA-Algorithmus, wird die Nachricht durch eine natürliche Zahl $m < n$ dargestellt.

Diese Nachricht schickt Frau Nonym an die Bank, aber nicht als Klartext, sondern «geblendet». Dazu wählt sie zufällig eine natürliche Zahl z, welche die Eigenschaft hat, dass es eine Zahl z' gibt, so dass $zz' \bmod n = 1$ ist. (Solche Zahlenpaare sind mit Hilfe des euklidischen Algorithmus leicht zu finden.)

Dann potenziert sie diese Zahl z in weiser Voraussicht mit e (dem öffentlichen 2-€-Schlüssel); die Bank bildet also

$$r = z^e \bmod n.$$

Schließlich multipliziert sie die Nachricht m mit r und schickt beides an die Bank:

$$c = m \cdot r \bmod n.$$

(Die Zahl r entspricht dem Umschlag mit dem Kohlepapier und dient dazu, die Nachricht m zu verstecken; die Zahl c ist die «geblendete Nachricht» und entspricht dem gesamten Brief.)

Die Bank wird wie vorher in einem Begleittext von dem Wunsch in Kenntnis gesetzt, das Ihre dazu beizutragen, um c in eine 2-€-Münze zu verwandeln. Dazu signiert sie die erhaltene Zahl, das heißt, sie potenziert c mit ihrem geheimen Schlüssel:

$$s = c^d \bmod n.$$

(Dieser Vorgang entspricht genau dem Aufdrücken des Stempels auf den Briefumschlag.)

Kann Frau Nonym den Umschlag «auspacken» und eine signierte Zahl finden?

Dazu muss sie sich zuerst überlegen, was es bedeuten könnte, den Umschlag zu entfernen. Sie fragt sich: Was verbirgt sich hinter s? Sie setzt einfach rückwärts ein:

$$\begin{aligned} s = c^d \bmod n &= (m \cdot r)^d \bmod n \\ = m^d \cdot r^d \bmod n &= m^d \cdot z^{ed} \bmod n \\ &= m^d \cdot z \bmod n, \end{aligned}$$

da nach der grundlegenden Eigenschaft des RSA-Algorithmus $z^{ed} \bmod n = z$ ist.

Frau Nonym sieht also, dass sie nur noch z entfernen muss, um die Signatur der Bank für die Nachricht m zu erhalten.

Sie braucht daher die erhaltene Zahl nur mit z' zu multiplizieren und erhält

$$s \cdot z' = c^d \cdot z' \bmod n = \ldots = m^d \cdot z \cdot z' \bmod n$$
$$= m^d \cdot 1 \bmod n = m^d \bmod n$$

die von der Bank unterschriebene Nachricht m.

Wir können die Analogie jetzt noch genauer erkennen: Der Briefumschlag entspricht der Zahl z und der Briefumschlag mit Kohlepapier der Zahl $r = z^e \bmod n$.

Die Zahl $s \cdot z' \bmod n$ (= $m^d \bmod n$) ist die elektronische Münze.

Die *Verifikation* ist einfach: Der Verkäufer wendet den öffentlichen 2-€-Schlüssel auf die Münze an. Wenn er dabei eine Zahl erhält, die das allgemein bekannte Muster hat (etwa 30 629 30 629), dann ist er sicher, dass es sich um ein elektronisches 2-€-Stück handelt.

Die *Einlösung* ist entsprechend einfach: Auch die Bank verifiziert die Münze nach obigem Muster. Sie schreibt dem Verkäufer die Münze gut, falls sie zum ersten Mal eingereicht wurde.

Mit diesem System haben wir perfekte Anonymität erreicht. Die Anonymität ist allerdings so perfekt, dass auch ein Betrüger, der seine Münzen zweimal oder noch öfter ausgibt, keine Spuren hinterlässt. Aber auch dieses Problem kann mit entsprechendem Aufwand gelöst werden.

3. Resümee

Außer den bereits genannten werden weitere Anforderungen an elektronisches Geld gestellt.

Man kann sich zum Beispiel fragen, ob es kryptographische Mechanismen gibt, die verhindern, dass die Bank betrügt. (Die Bank könnte zum Beispiel fälschlich behaupten, dass eine eingereichte Münze schon einmal eingelöst wurde.)

Man kann auch danach fragen, ob man eine Münze in kleinere Einheiten teilen kann (ein 2-€-Stück in zwei 1-€-Stücke).

Diese Anforderungen können durch komplexe kryptographische Zusätze erfüllt werden.

Alle Systeme mit elektronischen Münzen haben das grundsätzliche (unlösbare?) Problem, dass nur die Bank und nicht der Verkäufer erkennen kann, ob eine Münze schon einmal eingereicht wurde. Er muss jeweils bei der Bank anfragen.

Außerdem scheint es unvermeidlich zu sein, dass die Bank eine Liste aller eingereichten Münzen anlegt. Dies ist ein enormes Problem, das auf verschiedene Weise abgemildert werden kann, zum Beispiel dadurch, dass nicht die ganze Münze, sondern nur ein Hashwert gespeichert wird, oder dadurch, dass Münzen nur eine stark begrenzte Lebensdauer haben. Aber grundsätzlich bleibt dieses Problem bestehen.

Dennoch können wir festhalten: Elektronisches Geld ist möglich. Es ist sogar heute schon möglich. Und für Anwendungen wie das Internet ist es geradezu ideal geeignet.

4. Blockchain und Bitcoin

Im November 2008 wurde unter dem Pseudonym Satoshi Nakamoto folgende Ankündigung veröffentlicht: «I've been working on a new electronic cash system that's fully peer-to-peer, with no trusted party.» Hier wird nichts weniger behauptet, als dass es Zahlungssysteme gibt, die ohne die Autorität eines Staates oder einer Bank auskommen. Das passte in die Zeit, denn das Bankensystem stand kurz vor dem Kollaps und das Ansehen der Banken war auf einem Tiefpunkt angelangt. Nakamoto präsentierte sein System «Bitcoin», das seitdem Furore macht.

Bitcoin ist radikal dezentral. Es gibt keine zentrale Instanz, bei der Daten gespeichert oder bewertet würden. Vielmehr führt jeder Teilnehmer ein digitales Journal zur Buchführung. Man spricht von einer «distributed ledger technology». Jeder Teilnehmer kann nicht nur Transaktionen generieren, sondern hat Einblick in alle Transaktionen und kann zusammen mit anderen über die Gültigkeit von Transaktionen bestimmen.

(a) Transaktionen

Die Benutzer haben kein Konto im eigentlichen Sinne, sondern verwalten eingehende und ausgehende Transaktionen, die einen gewissen Wert an Bitcoins haben. Der «Kontostand» ist dann die Differenz zwischen der Summe der Beträge der eingegangenen und der abgeschickten Transaktionen.

Das heißt konkret: Ein Benutzer B kann eine Transaktion, die er von A erhalten hat, an einen Nutzer C weiterreichen. Er kann allerdings nicht nur einen Teil davon weitergeben. Möchte B weniger Bitcoins an C übertragen, muss er eine zweite Transaktion initiieren, die das Wechselgeld beinhaltet.

Um eine Transaktion weiterzureichen, signiert B den Betrag und die Adresse von C mit seinem privaten Schlüssel und fügt die Signatur hinzu, mit der A die Transaktion an B signiert hat. Dann kann C (wie jeder andere) überprüfen, dass der Inhalt der Transaktionen A → B und B → C übereinstimmen und dass C der korrekte Empfänger ist.

Das funktioniert wunderbar, wenn alle Teilnehmer ehrlich sind. Davon kann man natürlich nicht ausgehen. Zum Beispiel könnte B der Versuchung erliegen, die Transaktion, die er von A erhalten hat, mehrfach zu nutzen, also das Geld mehrfach auszugeben.

Um das zu verhindern, wurde die Blockchain erfunden.

(b) Blockchain

Die Blockchain ist, wie der Name sagt, eine Folge von aneinandergeketteten Blöcken. Dabei ist ein Block durch eine oder mehrere Transaktionen bestimmt. Eine entscheidende Rolle bei der Konstruktion von Blockchains spielen Hashfunktion (siehe S. 71).

Ein Block besteht im Wesentlichen aus drei Komponenten:
- einem Hashwert der Transaktionen, die durch diesen Block repräsentiert werden;
- einem Hashwert des vorhergehenden Blocks. Diese Hashwerte halten die «Kettenglieder» zusammen;
- einer «nonce». Das ist eine Zahl *(number)*, die nur einmal

(once) verwendet wird. Diese spielt eine entscheidende Rolle in dem Konsensverfahren.

Welchen Effekt hat die Bildung der Blockchain?

- Es geht keine Transaktion verloren. Alles bleibt auf ewig erhalten und kann jederzeit (von jedem) überprüft werden.
- Nachträgliche Manipulationen sind ausgeschlossen bzw. würden sofort entdeckt werden. Eine Manipulation beispielsweise im Block Nr. 10 wirkt sich auf den Hashwert des Blocks 10 aus. Dieser ist Teil des Blocks 11, also wirkt sich dieser auch auf den Hashwert des Blocks Nr. 11 aus. Und so weiter. Dementsprechend würde auch der Hashwert des zuletzt eingefügten Blocks nicht mehr stimmen.

(c) Konsensverfahren

Noch aber ist der neue Block nicht von dem Blockchain-Netzwerk anerkannt. Dies geschieht auf raffinierte Weise: Zwar wird die Anerkennung real nur von wenigen Teilnehmern vollzogen, prinzipiell hat aber jeder Teilnehmer die Chance, daran teilzunehmen, ohne dass deterministisch vorhersehbar ist, welche Teilnehmer zum Zug kommen.

Technisch gesehen geht es an dieser Stelle «nur noch» darum, eine passende «nonce» zu bestimmen. Dies geschieht in einem Konsensverfahren mit Hilfe eines «Proof of Work», das heißt eines Arbeitsnachweises.

Unter «Proof of Work» versteht man eine Aufgabe, die sich ausschließlich durch systematisches Probieren lösen lässt. Dafür kommen Aufgaben zum Einsatz, bei denen man den zeitlichen Aufwand von vornherein gut abschätzen kann.

In der Version der Bitcoin spielt dabei eine Hashfunktion eine wichtige Rolle, genauer gesagt, deren Einwegeigenschaft. «Einwegeigenschaft» bedeutet: Eine Richtung ist einfach, die andere schwierig.

Jede Hashfunktion ist einfach auszuführen: Es ist einfach, zu einem gegebenen x den Wert h(x) zu berechnen. Die umgekehrte Richtung soll so schwierig wie möglich sein: Es soll so gut wie unmöglich sein, zu einem gegebenen y ein x zu finden mit f(x) = y. Bei den für Bitcoin verwendeten Hashfunktionen gibt es etwa 10^{77} Hashwerte, das ist ungefähr die Anzahl der Elementarteilchen im Universum. Es ist klar, dass es völlig unmöglich ist, eine so große Liste zu erstellen.

Leichter wird die Aufgabe dadurch, dass man eine Nachricht sucht, bei welcher der zugehörige Hashwert an der ersten Stelle eine Null aufweist. Angenommen, die Hashwerte sind Binärzahlen, also Folgen aus Nullen und Einsen, so wird man aufgrund der Tatsache, dass die Hashfunktion den Charakter einer Zufallsfunktion hat, erwarten, dass 50 Prozent der Werte mit einer Null, die anderen mit einer Eins beginnen. Möchte man, dass y an den ersten beiden Stellen eine Null hat, wird man vier Versuche brauchen, für zehn führende Nullen hingegen 2^{10} = 1024 Versuche. Auf diese Weise lassen sich Aufgaben definieren, bei denen der Lösungsaufwand exakt vorhersagbar ist: Bei k führenden Nullen muss man 2^k Operationen mit der Hashfunktion durchführen.

Diesen Sachverhalt nutzt man bei der Blockchain-Technologie aus. Diejenigen Teilnehmer, die die Transaktionen überprüfen, nennt man *Miner*, weil sie im Netz nach Transaktionen schürfen. Den Minern liegt ein fast fertiger Block vor, es fehlt nur noch die «nonce». Diese muss nun so bestimmt werden, dass der Hashwert des gesamten Blocks (inklusive der «nonce») eine Binärzahl mit einer vorgegebenen Zahl von führenden Nullen ist. Der Schwierigkeitsgrad wird so definiert, dass der Rechenaufwand, eine «nonce» zu finden, auch bei Hochleistungsrechnern etwa zehn Minuten beträgt.

Wer diese Aufgabe als Erster löst, erhält eine Belohnung (in Bitcoins). So kommt es zu einem Wettbewerb unter den Minern. Der Sieger veröffentlich die gefundene «nonce». Diese kann von jedem überprüft werden, indem man den Hashwert des Blocks berechnet. Hat eine gewisse Anzahl von Teilnehmern das bestätigt, wird der Block als neuer Block der Blockchain hinzugefügt. Da es in gewisser Weise eine Zufallsentscheidung ist, welcher Miner als Erster eine gültige «nonce» findet, erreicht man durch dieses «Proof of Work»-Verfahren einen Konsens; außerdem muss die Entscheidung von anderen Teilnehmern bestätigt werden.

Bei aller Popularität der Bitcoins gibt es auch kritische Stimmen. Zwei sollen hier kurz erwähnt werden.

Grundsätzlich ist es zwar richtig, dass ein Blockchain-Netzwerk ohne zentrale Instanzen funktioniert. Aber es ist weit davon entfernt, basisdemokratisch zu wirken. Denn um als Miner erfolgreich zu sein, braucht man enorme Rechenpower. Es handelt sich also weniger um Demokratie als um Plutokratie (Herrschaft der Vermögenden).

Der zweite Aspekt – mit enormen praktischen Auswirkungen – ist die benötigte Rechenleistung. Naiv denkt man, mein Laptop, mein Smartphone braucht «so gut wie keinen» Strom. Das stimmt aber nicht. Und bei Blockchain schon gar nicht. Beim Mining wird unvorstellbar viel Strom verbraucht. Die Verfechter der Krypto-Zahlungssysteme argumentieren: Das ist gerade gut, denn so steckt hinter jeder Bitcoin ein realer Wert (nämlich die Rechenleistung) – im Gegensatz zu Geldscheinen, von denen man beliebig viele zu geringen Kosten drucken kann. Aber: Das Mining frisst so viel Strom, wie eine Nation der Größe Italiens verbraucht. Daher haben bereits einige Länder wie Island, Kosovo, Iran, aber auch China das Schürfen von Bitcoins verboten; denn es frisst wertvolle Energie, die diese Länder woanders viel nötiger brauchen.

Für weitere Information über die Blockchain-Technologie siehe zum Beispiel [FM].

VII. Wie viel Kryptographie braucht der Mensch?

Kryptographie ist gut.
Kryptographie ist in den letzten Jahrzehnten zu einer anerkannten Wissenschaft geworden, die mit im Wesentlichen mathematischen Methoden objektiv überprüfbare Ergebnisse erzielt.

Anwendungen der Kryptographie sind gut.
Komplexe moderne Kommunikations- und Informationssysteme sind ohne starke kryptographische Mechanismen nicht mehr denkbar: Ohne überprüfbare Sicherheit können sie sich langfristig auf dem Weltmarkt nicht durchsetzen. Aber die Kryptographie bietet auch jedem Einzelnen die Möglichkeit, seine Privatsphäre gemäß seinen eigenen Bedürfnissen zu schützen.

Kryptographische Algorithmen sind gut.
Der Normalbenutzer muss weder Algorithmen entwickeln noch diese mathematisch analysieren, und er muss auch keine Algorithmen programmieren. Viele hervorragende Algorithmen sind im Internet frei verfügbar und zum Nulltarif erhältlich.

Das ist so gut, dass es für manche schon wieder zu gut zu sein scheint.

1. Wie viel Kryptographie verträgt die Gesellschaft?

In welchem Umfang, in welcher Qualität, mit welcher Funktion sollen kryptographische Verfahren eingesetzt werden?

Überraschenderweise geben verschiedene Menschen sehr unterschiedliche Antworten auf diese Fragen. Aus meiner Sicht gibt es drei grundsätzlich verschiedene Positionen. Diese sollen im Folgenden zu Wort kommen.

Die erste Ansicht ist die radikalste und damit auch die einfachste:

Kryptographie ist für alle da.
Kryptographische Algorithmen sind heute kein Privileg der Geheimdienste, sondern ein Allgemeingut, das jedem Bürger zugänglich sein muss.

Bis heute wird Sicherheit z. B. durch das Briefgeheimnis erreicht: Es ist verboten, einen Briefumschlag unautorisiert zu öffnen und den Brief zu lesen. Es wäre grotesk, irgendwelchen Personengruppen grundsätzlich zu verbieten, ihre Nachrichten per Brief zu verschicken, und sie zu zwingen, nur mit Postkarten zu kommunizieren.

Ein Verschlüsselungsalgorithmus ist nur ein besserer Briefumschlag. Ein viel besserer Briefumschlag. Normale Briefumschläge kann man, zum Beispiel mit Wasserdampf, vorsichtig öffnen und dann wieder so verschließen, dass der Empfänger nichts davon merkt.

Technisch gesehen bietet einzig Verschlüsselung eine Garantie für Geheimhaltung. Kryptographische Verfahren sind die besten Briefumschläge. Warum?

Weil Kryptographie mit mathematischen Methoden arbeitet.

Und wir wissen: Mathematik ist gut, weil dort eine Aussage nicht deswegen gilt, weil ein Experte sich dafür ausspricht oder weil viele Experten der Meinung sind, dass sie richtig ist, oder weil sie dem Stand der Technik entspricht oder dergleichen. Mathematik ist gut, weil in ihr eine Aussage nur dann gilt, wenn sie streng logisch bewiesen ist, so dass sie objektiv nachvollzogen werden kann.

Die Sicherheit kryptographischer Verfahren kann mathematisch analysiert oder – im Idealfall – sogar mathematisch bewiesen werden. Dadurch bietet Kryptographie eine wesentlich höhere Sicherheit als alle traditionellen Methoden. Im Idealfall sogar eine unüberwindliche Sicherheit.

Damit hat endlich jeder Bürger ein Mittel, sich vor dem Angriff des «Big Brother» zu schützen. Kryptographie stellt Methoden bereit, bestimmte unerwünschte Folgen der Technikentwicklung von Anfang an nicht auftreten zu lassen. Kurz: Kryptographie ist nicht der Große Bruder, sondern sie macht den Großen Bruder ganz klein.

Dies hängt auch mit der völlig gewandelten Rolle des Computers im Verhältnis der Bürger zu ihrem Staat zusammen. In den 1970er Jahren galt der Computer als das argwöhnisch beäugte Herrschaftsinstrument des übermächtigen Staates schlechthin, vor dem man die Bürgerinnen und Bürger, zum Beispiel mit Hilfe der Datenschutzgesetze, schützen musste. Demgegenüber stellen heute die Internetkonzerne (Amazon, Facebook, Google usw.) eine weder juristisch noch praktisch kontrollierbare Macht dar, die allen vermuteten oder tatsächlichen Herrschaftsansprüchen des Staates ein starkes Gegengewicht entgegensetzt.

In diesem Sinne ist Kryptographie ein wertvolles Instrument, um demokratische Grundrechte durchzusetzen.

Der prominenteste Vertreter dieser These ist Phil Zimmermann, der Erfinder von PGP. Er sagt ganz dezidiert: «Ich bot es (das Programm PGP) zum Nulltarif an, zum Wohle der Demokratie. Diese Technik gehört allen.» «PGP verbreitete sich wie ein Präriefeuer, das von zahllosen Menschen angefacht wurde, die unbedingt ihre Privatsphäre im Informationszeitalter zurückhaben wollen.»

Die Befürworter dieser These weisen auch darauf hin, dass jeder Kryptographie benutzen sollte, zum Beispiel seine E-Mails stets verschlüsselt versenden sollte, auch wenn er «nichts zu verbergen» hat. Warum? Weil sonst jemand, der verschlüsselt, auffällt und sich damit sofort verdächtig macht. Das ist so ähnlich wie bei den Wahlen in den Staaten des ehemaligen Warschauer Pakts: Wer zur Ausfüllung seines Stimmzettels die Wahlkabine benutzte, hatte offenbar etwas zu verbergen.

Auch die zweite These klingt plausibel.

Kryptographie ist gut für uns.
Kryptographische Verfahren spielen in vielen modernen Produkten eine entscheidende Rolle; manche Produkte sind ohne Kryptographie kaum vorstellbar. Einige Beispiele:

- Im *Internet* wird grundsätzlich jede Kommunikation mit sehr starken Algorithmen verschlüsselt.
- Wenn die Datenübertragung bei *mobiler Kommunikation* unverschlüsselt erfolgen würde, könnte man Gespräche viel leichter abhören als im traditionellen Festnetz.
- Bei den *Geldausgabeautomaten* wird ein sehr guter Algorithmus (z.B. der Triple-DES) zum Schutz der Geheimzahl benutzt.
- Bei jedem *electronic-cash*-Vorgang muss der Kunde eindeutig identifiziert werden, und die Buchungsdaten müssen unmanipulierbar übertragen werden; dies wird wesentlich durch kryptographische Maßnahmen unterstützt.
- Beim *Pay-TV* müssen die Bilder so gut verschlüsselt sein, dass man ohne Decoder keinen Film sehen kann.
- Bei der *El*ektronischen *St*euer*er*klärung (Elster) werden Zertifikate mit Hilfe des RSA-Algorithmus berechnet.

Kurz: Kryptographische Verfahren sind wichtige Komponenten von Hightech-Produkten, die unserer Wirtschaft entscheidende Wettbewerbsvorteile verschaffen. Das darin steckende Knowhow ist ein wertvolles Kapital für jede Volkswirtschaft, das es zu schützen gilt.

Um kryptographische Verfahren auch in Zukunft einsetzen zu können, bedarf es einiger Voraussetzungen.

Zunächst ist klar, dass Forschung und Entwicklung im Bereich der Kryptographie gefördert und betrieben werden müssen. Die Industrie kann sich nicht auf im Geheimen ausgetüftelte Algorithmen verlassen, sondern muss sich selbst von der Qualität der eingesetzten Verfahren überzeugen können.

Hier ist das *Prinzip von Kerckhoffs* wichtig: Der niederländische Philologe Jean Kerckhoffs hat diese Erkenntnis als Erster formuliert und in seinem Buch *La cryptographie militaire* ausgedrückt: *Die Sicherheit eines guten Verfahrens hängt nicht davon ab, ob der Algorithmus bekannt wird oder nicht.* Wenn ein Angreifer den Algorithmus (aber nicht den Schlüssel) kennt, darf es ihm nicht gelingen, den Geheimtext zu entschlüsseln.

Viele Experten verschärfen dieses Prinzip und sagen: Jeder

Algorithmus muss veröffentlicht werden. Auch das kann man verstehen. Denn die Praxis ist der härteste Test. Wenn ein Algorithmus zehn Jahre öffentliche Diskussion und mathematische Untersuchungen überstanden hat, wird ihm zu Recht mehr Vertrauen entgegengebracht, als wenn er nur in obskuren Zirkeln besprochen worden wäre.

Mindestens ebenso wichtig ist die Schaffung verlässlicher rechtlicher Grundlagen. Dazu gehört die Möglichkeit, auch und gerade starke kryptographische Verfahren exportieren zu können. Das werden wir weiter unten ausführlich diskutieren.

Eine weitere für den Einsatz kryptographischer Verfahren wichtige Voraussetzung ist die Anerkennung der digitalen Signatur als Ersatz für die handschriftliche Unterschrift. Das hört sich leichter an, als es tatsächlich ist, denn allein in Deutschland gibt es etwa 4000 Rechtsvorschriften, die in den unterschiedlichsten Zusammenhängen die Schriftform der Unterschrift verlangen – papiergebunden und eigenhändig ausgeführt. Man steht also vor der Alternative, entweder alle diese Vorschriften zu ändern oder in einem eigenständigen Gesetz den Einsatz der digitalen Signatur zu regeln. In Deutschland hat man sich für den zweiten Weg entschieden: Das Signaturgesetz schafft Rahmenbedingungen, um in entsprechenden Regelwerken eine Signatur in digitaler Form mit der eigenhändigen Unterschrift gleichzusetzen. Es werden Anforderungen an die Schlüssel und die Technik formuliert, unter denen dann eine digitale Signatur als sicher anerkannt ist (siehe [BiKe]).

Neben den oben erwähnten Produkten gibt es eine weitere Anwendung von Kryptographie, die hier erwähnt werden muss. Nämlich die Verschlüsselungstechnik, die zum Schutz der nationalen Interessen eingesetzt wird. Kurz, die Kryptographie, die von den Geheimdiensten benutzt wird.

Über den Umfang und die Qualität dieser Anwendungen gibt es keine genauen Zahlen, da sich die Geheimdienste nicht nur mit den Geheimnissen der anderen beschäftigen, sondern definitionsgemäß auch ihre eigene Arbeit geheim halten. Man kann aber davon ausgehen, dass die von den westlichen Geheimdiensten entwickelten Produkte quantitativ und qualitativ überzeugend sind.

Hier stellt sich verschärft das Problem des Schutzes von Produkten und Know-how. Dies werden wir im Folgenden diskutieren.

Eine Entscheidung können wir aber schon jetzt treffen: Die Geheimdienste interessieren sich nur für Verschlüsselung im eigentlichen Sinne, nicht für Authentifikation und digitale Signaturen.

Natürlich gibt es theoretisch keine scharfe Trennungslinie: Manche Authentifikationsverfahren können leicht in Verschlüsselungsverfahren umgewandelt werden (wer zum Beispiel das RSA-Signaturschema besitzt, kann daraus leicht das entsprechende Verschlüsselungsverfahren machen). Außerdem kann man gemeinsam berechnete Authentifikationscodes dazu benutzen, nach dem Vorbild eines one-time-pads zu verschlüsseln.

In der Praxis ist der Unterschied zwischen Authentifikation und Verschlüsselung deutlich: Mit den oben beschriebenen Verfahren kann man nur eine sehr langsame Verschlüsselung realisieren.

Daher werden wir die folgende Diskussion nur auf das Thema Verschlüsselung beschränken.

Die dritte These ist deutlich:

Die Segnungen der Kryptographie sind nicht für alle da.
Natürlich benutzen nicht nur «die Guten» Kryptographie, um sich gegen ihre Konkurrenten und Gegner zu schützen, sondern auch Kriminelle und Terroristen bedienen sich zunehmend kryptographischer Techniken, indem sie zum Beispiel ihre dunklen Geschäfte über das Darknet abwickeln. Dies schafft Probleme sowohl bei der Aufdeckung und Verhinderung von Verbrechen als auch bei der Beweissicherung. Terroristen können über Handys unabhörbar miteinander reden, sie können verfängliche Daten verschlüsselt auf Notebooks speichern. Kurz: Die gute und starke Kryptographie kann auch missbraucht werden.

Das Problem ist nicht neu. Auch in der Vergangenheit haben Kriminelle Briefe geschrieben oder telefoniert – und dabei auf das Briefgeheimnis bzw. das Fernmeldegeheimnis vertraut.

Aber es gibt eine ganze Reihe von gesetzlichen Regelungen, die staatlichen Behörden unter definierten Bedingungen gestatten, eine Kommunikation abzuhören. Berühmt ist die Ausnahmeregelung zum Artikel 10 des Grundgesetzes. In Art. 10 GG, Absatz 1 wird zunächst unmissverständlich festgestellt «Das Briefgeheimnis sowie das Post- und Fernmeldegeheimnis sind unverletzlich.»

In Absatz 2 steht jedoch schon zu lesen, dass Beschränkungen nur aufgrund eines Gesetzes angeordnet werden können. Solche Beschränkungen gibt es inzwischen in erheblicher Zahl.

Das geht so weit, dass Betreiber großer Systeme, etwa der Mobilfunksysteme, eine «Abhörschnittstelle» zur Verfügung stellen müssen.

Aber durch den Einsatz guter kryptographischer Algorithmen werden die traditionellen Abhörmöglichkeiten lächerlich gemacht.

Natürlich kann die Polizei den Telefonverkehr abhören. Aber wenn die Gespräche verschlüsselt sind, hat sie keine Chance, den Inhalt des Gespräches herauszufinden.

Natürlich kann die Polizei den Laptop eines verdächtigen Mafioso beschlagnahmen. Aber wenn die Daten auf der Festplatte verschlüsselt sind, ist sie so klug wie zuvor.

Kurz: Wenn ein unbescholtener Bürger die Möglichkeit hat, seine Daten mit einem kryptographischen Briefumschlag zu schützen, den keine Macht der Welt unautorisiert öffnen kann, dann haben auch Kriminelle jedes Kalibers diese Möglichkeit.

Es kommt ein weiterer Aspekt hinzu. Traditionell wird die Kryptographie von den Geheimdiensten aller Staaten genutzt. Die eigenen diplomatischen und militärischen Nachrichten werden verschlüsselt, die verschlüsselten Nachrichten der Gegner sollen geknackt werden. Daher ist es gut, wenn die eigene Seite die bestmöglichen Algorithmen exklusiv einsetzt und der Gegner nur schlechte Algorithmen zur Verfügung hat. Folgerichtig wird man nicht nur die eigenen Algorithmen, sondern auch das

Know-how zur Entwicklung und zum Knacken von Algorithmen geheim halten.

Viele Staaten, darunter auch Deutschland, hatten daher die Idee, neben der Kontrolle des Waffenexports auch den Export guter kryptographischer Verfahren genehmigungspflichtig zu machen. Das wurde in dem sogenannten Wassenaar-Abkommen 1995 geregelt. Seit einigen Jahren werden allerdings die Regelungen über Kryptographie nicht mehr angewandt.

2. Wie könnte man Einschränkungen der Kryptographie durchsetzen?

Das sind zwar alles ernstzunehmende Argumente, und es scheint sich um eine im Wesentlichen akademische Debatte zu handeln, bei der man ohne große Konsequenzen die eine oder die andere Haltung einnehmen kann.

Dies ist aber nicht so. Denn ein Verbot der Kryptographie lässt sich weder durchsetzen, noch lässt sich seine Einhaltung kontrollieren.

Man könnte ... juristisch vorgehen:

Die Erforschung oder die Entwicklung oder die Verwendung kryptographischer Verfahren wird verboten oder – etwas weniger radikal – muss genehmigt werden.

So geschehen in Frankreich und Russland. Auch in Deutschland wurde ein «Kryptogesetz» ernsthaft erwogen. Und bestimmt wird die Diskussion darüber, ob und wie man die Anwendung von Kryptographie verbieten kann, immer wieder aufflackern.

Lange Zeit wurde in den USA bei symmetrischen Algorithmen eine Schlüssellänge von 40 Bit für den Export gerade noch genehmigt, während intern eine Schlüssellänge von 128 Bits eingesetzt werden durfte.

Ein anderes Beispiel ist das Mobilfunksystem GSM, das heute völlig selbstverständlich ein länderübergreifendes Kommunizieren in der ganzen Welt ermöglicht. Dabei gab es in der Anfangsphase lange und heftige Auseinandersetzungen darüber, «wie gut» der Verschlüsselungsalgorithmus sein dürfe. Einerseits war klar, dass GSM in viele Länder exportiert werden musste, denn grenzüberschreitendes Telefonieren ist ja eine der Attraktionen dieses Systems. Also hätte man nach der offiziellen Exportphilosophie nur einen schwachen Algorithmus einsetzen dürfen. Wenn ein solcher schwacher Algorithmus aber von irgendwelchen Hackern geknackt würde, hätte das einen unübersehbaren wirtschaftlichen Schaden für das GSM-System. Schließlich einigte man sich auf einen Algorithmus (er trägt den prosaischen Namen A5), der von allen Experten für sehr gut gehalten wird und eine dementsprechende Schlüssellänge hat.

Ein Kryptogesetz bewegt jede anständige Firma und jeden gesetzestreuen Bürger dazu, keine Kryptographie ungenehmigt zu benutzen oder zu verbreiten. Aber wird es auch Kriminelle daran hindern, ihre Daten zu verschlüsseln?

Kaum. Denn auch wirklich ausreichender Schutz kann heute zum Nulltarif bezogen werden. Und kryptographische Erkenntnisse lassen sich nicht ungeschehen machen. Kurz: Wenn Kryptographie verboten wird, benutzen nur noch diejenigen Kryptographie, die man mit einem Verbot treffen möchte.

Oder, wie Phil Zimmermann pointiert sagt: «When privacy is outlawed, then outlaws have privacy.»

Man könnte ... das Ganze auch über den Markt zu regeln versuchen:

Man könnte jedes Endgerät (Telefon, Computer) mit einem kleinen Zusatz ausstatten, der einen guten Verschlüsselungsalgorithmus und ein Verfahren zum Schlüsselaustausch enthält. *Und* man könnte den einschlägigen Stellen die Möglichkeit geben, unter bestimmten Bedingungen Zugriff auf den Schlüssel zu erhalten. Man spricht dabei beschönigend auch von «Key-Recovery», also der Möglichkeit der Wiederbeschaffung von Schlüsseln.

Das wäre so wie beim Telefon: Es ist so bequem, wir benutzen es immer, auch wenn wir vertraulich reden sollten.

So war es geplant in den USA. Die «Clipper-Initiative», die 1993 der Öffentlichkeit vorgestellt wurde, hatte genau das zum

Ziel. Dabei war sogar geplant, dass die Schlüssel der Teilnehmer bei keiner Behörde als Ganze gespeichert sind. Jeder Schlüssel wird in zwei Hälften aufgeteilt; diese beiden werden getrennt bei verschiedenen «Schlüssel-Treuhändern» (Key Escrows) gespeichert und nur im Bedarfsfall zusammengeführt.

Eigentlich eine gute Idee. Keine Stelle hat alleine die Möglichkeit, ein Telefongespräch anzuhören. In jedem Fall muss ein zweiter Treuhänder, eine zweite «trusted third party» mitspielen: ein optimaler Schutz gegen Insiderangriffe.

Grundsätzlich wird man aber sagen müssen, dass durch solch ein Projekt ein unverhältnismäßiger Eingriff in das Fernmeldegeheimnis und damit in die Privatsphäre jedes Einzelnen erfolgt. Kritiker argumentieren: Wenn man ein Key-Recovery-System vorschreibt, könnte man entsprechend auch verlangen, dass jeder Bürger ein Duplikat seines Haustürschlüssels hinterlegt, damit die Strafverfolgungsbehörden im Zweifelsfall eine Hausdurchsuchung einfach durchführen können.

Die Clipper-Initiative ist jedoch auch aus den folgenden konkreten Gründen gescheitert:

Zunächst ein technisches Argument: Da die Schlüssel nicht geändert wurden, hätte die abhörende Behörde – technisch gesehen – nicht nur im genehmigten Zeitintervall abhören können, sondern von diesem Zeitpunkt an für alle Zeit.

Das zweite Argument war ein ökonomisches: Beim Verkauf eines Telefonapparates muss der Kunde nicht nur von der technischen Qualität des Apparates überzeugt werden, sondern auch davon, dass von dem Clipper-Chip kein Unheil kommt. Man befürchtete, dass sich dies zu einem Killerargument beim Verkauf von Geräten auswachsen könne. Ferner wird das Endgerät durch den Clipper-Chip teuerer, und jeder Käufer wird mindestens fragen, warum *er* dafür bezahlen soll und nicht diejenigen, die diesen Chip wollen.

Ein praktisches Argument sagt, dass ein solches Verfahren keine Abhörmöglichkeit garantiert. Denn zwei Partner, die abhörsicher miteinander kommunizieren wollen, können zwar die staatlich verordnete Verschlüsselung benutzen, aber den gesamten Datenstrom zusätzlich «überschlüsseln». Das heißt, der

Sender chiffriert seinen Klartext mit einem sicheren Algorithmus unter einem Schlüssel, den nur die beiden Partner kennen. Dann erst werden die Daten in Clipper-Chip eingespeist, dort verschlüsselt und beim Empfänger wieder entschlüsselt. Dieser muss dann diese Daten noch mit dem speziellen Algorithmus und dem wirklich geheimen Schlüssel entschlüsseln und ist dann im Besitz des Klartexts – und der Gewissheit, dass diesen niemand abhören konnte!

Schließlich wurde in manchen Staaten das politische Argument vorgebracht, dass sich dieses Instrument auch hervorragend für Industriespionage eigne. Dies gilt insbesondere dann, wenn die Schlüssel der Bürgerinnen und Bürger eines Landes X zusätzlich bei Treuhändern eines Landes Y hinterlegt werden.

Wie könnte die Einhaltung einer gesetzlichen Kryptoregulierung kontrolliert werden? Wie könnte jemand, der die Verbote überschritten hat, überführt werden?

Dies sind die kritischen Fragen. Kritisch deswegen, weil die Antwort eindeutig ist: *Das geht nicht.*

Und dafür sprechen zwei Gründe.

Auch wenn man den starken Verdacht hat, dass Daten, die man auf einer Festplatte gefunden oder in einem Netz abgehört hat, verschlüsselte Nachrichten sind, kann man das nicht beweisen. Es könnten ja auch Zufallsdaten sein (für Simulationen braucht man riesige Mengen von Zufallsdaten), und ist es vielleicht verboten, Zufallsdaten zu speichern und zu verschicken?

Selbst wenn man, was nach deutschem Recht in aller Regel nicht möglich ist, den Besitzer der Daten zwingt, diese zu entschl*ü*sseln, *be*wirkt das ga*r* nichts. Erinne*r*n Sie sich an das one-time-p*a*d? Man kann jeden Geheimtext zu jedem beliebigen Klartext «ent*sch*lüsseln»! Ein Verdächtiger könnte sich sogar gentlemanlike zeigen *un*d den Geheimtext *g*roßzügig zu einem «offensichtlich harmlosen» Klartext entschlüsseln*!*

Man kann eine geheime Nachricht so verstecken, dass ihre Existenz nicht bemerkt werden kann. Sie haben vielleicht gesehen, dass die kursiv gesetzten Zeichen des vorigen Abschnitts eine Bedeutung haben, die mit dem umgebenden Text nichts zu tun hat. Diese sehr alte Methode nennt man *Steganographie.*

Die Methode ist nicht nur alt, sondern auch primitiv. Man braucht dazu keine tiefen Einsichten, keine speziellen Erkenntnisse, keine schwierige Mathematik. Und darin liegt die Stärke der Methode. Sie ist äußerst einfach anzuwenden, jeder kann es, und keiner kann es verhindern.

Man könnte meinen, dass man mit Hilfe der Steganographie nur kurze Nachrichten, sozusagen Nachrichten im Telegrammstil, verbergen kann. Aber weit gefehlt. Die Bilder, die wir uns aus beruflichen Gründen oder auch einfach nur zum Vergnügen aus dem Internet herunterladen, enthalten so viele Pixel, dass man ohne große Schwierigkeiten in einem solchen Bild ein anderes verstecken kann, ohne dass man dies optisch erkennen kann. Das verborgene Bild wird nur dann sichtbar, wenn man weiß, wo man suchen muss.

3. Was nun?

Es scheint schwierig zu sein, auf dem Gebiet der Informationssicherheit einen Ausgleich zu finden zwischen den Interessen jedes Einzelnen auf Schutz der Privatsphäre einerseits und den Interessen des Staates andererseits, die ja auch dem Schutz der Bürgerinnen und Bürger dienen sollen.

Das Bild hat sich radikal gewandelt. Noch vor wenigen Jahren herrschte das Bild des allmächtigen Staates, der alles tun kann, wenn er nicht durch gesetzliche Vorschriften (etwa durch die Datenschutzgesetze) daran gehindert wird. Heute malen manche ein genauso düsteres Bild von den unkontrollierbaren Einzelnen, die unerkannt den Staat an der Nase herumführen können.

Aber dieser Konflikt zwischen den Interessen der Einzelnen und denen des Staates ist alles andere als neu. Er ist ein Basso continuo, der die Geschichte der modernen Demokratie durchzieht.

Ich bin überzeugt, dass es auch in der Frage der Garantie der Informationssicherheit durch Kryptographie zu einem Ausgleich kommen wird, der, selbstverständlich, von technischen, gesellschaftspolitischen, juristischen und ökonomischen Parametern abhängt.

Ausdrücklich betonen möchte ich jedoch, dass eine solche Balance nicht statisch ist, sondern dass durch einen politischen Meinungsbildungsprozess jeweils ein Kompromiss erzielt werden muss. Hier sind wir alle aufgefordert, uns eine Meinung zu bilden und diese zu vertreten.

Literatur

Als weiterführende Lektüre seien Ihnen [Bau], [Beu], [BSW] und [Schn] empfohlen, wo Sie auch weitere Literaturangaben finden.

[Bau] ist eine akribische Darstellung der historisch wichtigen Geheimcodes; [Beu] ist am ehesten mit der vorliegenden Darstellung zu vergleichen; es geht mathematisch sehr behutsam vor; [BSW] versucht, die modernste Kryptographie anschaulich zu erklären; [BSW] und [Bu] sind moderne mathematische Lehrbücher zur Kryptographie; [Schn] ist eine umfassende Darstellung mit einem enzyklopädischen Literaturverzeichnis; in [BiKe] werden praktische und juristische Konsequenzen dargestellt.

[Bau] F. L. Bauer: Entzifferte Geheimnisse. Springer-Verlag ^{3}2000.

[Beu] A. Beutelspacher: Kryptologie. Viehweg Verlag, ^{10}2015.

[BNS] A. Beutelspacher, H. Neumann, T. Schwarzpaul: Kryptografie in Theorie und Praxis. Vieweg-Verlag ^{2}2010.

[BSW] A. Beutelspacher, J. Schwenk, K.-D. Wolfenstetter: Moderne Verfahren der Kryptographie. Vieweg Verlag, ^{8}2015.

[BiKe] W. Bieser, H. Kersten: Elektronisch unterschreiben. Hüthig, Heidelberg ^{2}1999.

[Bu] J. Buchmann: Einführung in die Kryptographie, Springer ^{5}2010.

[Dif] W. Diffie: The First Ten Years of Public-Key-Cryptography. In: G. Simmons (ed.): Contemporary Cryptology. The Science of Information Integrity. IEEE Press, New York 1992.

[FM] H.-G. Fill, A. Meier: Blockchain kompakt, Springer 2019.

[Har] R. Harris: Enigma. Heyne, München 1996.

[Hoch] R. Hochhut: Alan Turing. Erzählung. Rowohlt, Reinbek 1998.

[Kah] D. Kahn: The Codebreakers. MacMillan, New York 1967.

[Kip] R. Kippenhahn: Verschlüsselte Botschaften. Geheimschrift, Enigma und Digitale Codes. Rowohlt, Reinbek 2012.

[Schn] B. Schneier: Angewandte Kryptographie. Addison Wesley, München 1996.

[Spek] Spektrum der Wissenschaft, Dezember 1992, S. 98.

Einen Eindruck von der Lebendigkeit der Kryptographie erhalten Sie, wenn Sie das Internet benutzen und in die Newsgroups *sci.crypt* und *sci.crypt.research* hineinschauen. Allerdings enthält nur ein kleiner Prozentsatz der Beiträge wirklich neue Informationen.

Register

C.H.BECK WISSEN

Zuletzt erschienen:

2002: Osterhammel/Jansen, **Kolonialismus**
2004: Wolfram, **Die Germanen**
2021: Faroqhi, **Geschichte des Osmanischen Reiches**
2051: Dippel, **Geschichte der USA**
2081: Simek, **Die Wikinger**
2101: Demandt, **Die Kelten**
2111: Bernecker, **Spanische Geschichte**
2120: Becher, **Karl der Große**
2126: Schmidt-Glintzer, **Das neue China**
2165: Wirsching, **Deutsche Geschichte im 20. Jh.**
2187: Bergmann, **Geschichte des Antisemitismus**
2227: Kabisch, **Chopins Klaviermusik**
2228: Revers, **Mahlers Sinfonien**
2333: Steinbacher, **Auschwitz**
2409: Junker, **Die Evolution des Menschen**
2424: Geulen, **Geschichte des Rassismus**
2463: Gerhard, **Frauenbewegung und Feminismus**
2525: Ebert-Schifferer, **Caravaggio**
2526: Busch, **Caspar David Friedrich**
2859: Herbert, **Das Dritte Reich**
2884: Janka, **Vergils Aeneis**
2905: Zadoff, **Geschichte Israels**
2913: Gaehtgens, **Notre-Dame**
2916: Schröter, **Jesus**
2917: Hacker, **Pandemien**
2918: Stuchtey, **Geschichte des Britischen Empire**
2919: van Ess, **Chinesische Philosophie**
2920: Eckert, **Geschichte der Sklaverei**
2921: Stegmann, **Die Kirchen in der DDR**
2922: Krieger, **Die deutschen Geheimdienste**
2923: Förstl, **Alzheimer und Demenz**
2924: Reber, **Psychologie**
2925: Kaufmann, **Impfen**
2926: Friedrich, **Die Jesuiten**
2927: Rittberger, **Die Europäische Union**
2928: Schmid, **Die Bibel**
2929: Geppert, **Geschichte der BRD**
2930: Nußberger, **Die Menschenrechte**